高职高专"十三五"规划教材

固体废物处理技术与利用

韩金鑫 编

U0352683

北 京
冶金工业出版社
2023

内 容 提 要

本书共分 6 个项目，主要内容包括：固体废物的认知；固体废物的收集运输；固体废物预处理；固体废物热处理技术；固体废物生物处理技术；典型固体废物的处理与资源化。

本书可作为职业院校有关专业的教学用书，也可作为有关企业员工的培训教材和相关技术人员的参考书。

图书在版编目（CIP）数据

固体废物处理技术与利用/韩金鑫编. —北京：冶金工业出版社，2020.9（2023.5 重印）

高职高专"十三五"规划教材

ISBN 978-7-5024-8580-1

Ⅰ．①固…　Ⅱ．①韩…　Ⅲ．①固体废物处理—高等职业教育—教材

Ⅳ．①X705

中国版本图书馆 CIP 数据核字（2020）第 151879 号

固体废物处理技术与利用

出版发行　冶金工业出版社	电　话	（010）64027926
地　址　北京市东城区嵩祝院北巷 39 号	邮　编	100009
网　址　www.mip1953.com	电子信箱	service@ mip1953.com

责任编辑　俞跃春　杜婷婷　美术编辑　彭子赫　版式设计　禹　蕊
责任校对　郭惠兰　责任印制　禹　蕊
北京印刷集团有限责任公司印刷
2020 年 9 月第 1 版，2023 年 5 月第 3 次印刷
787mm×1092mm　1/16；10.25 印张；247 千字；157 页
定价 39.00 元

投稿电话　（010）64027932　投稿信箱　tougao@cnmip.com.cn
营销中心电话　（010）64044283
冶金工业出版社天猫旗舰店　yjgycbs.tmall.com
（本书如有印装质量问题，本社营销中心负责退换）

前　言

随着社会经济的不断发展，人们生活水平日益提高，固体废物的产生量日益增加，若固体废物任意排放势必会造成严重污染并破坏环境，其污染治理和控制已引起全社会的密切关注。"固体废物处理技术与利用"是高职高专环境工程技术专业核心课程之一，为了适应更好地培养专业型人才，更好地了解最新国内外固体废物处理技术的需要，编写了本书。

固体废物是人类在生产建设、日常生活和其他活动中产生的丧失原有价值或未丧失使用价值但被抛弃或者放弃的固态、半固态废弃物质。固体废物种类繁多、成分复杂，对于固体废物的处理遵循减量化、资源化和无害化原则，其处理方法包括预处理、热处理、生物处理等。

本书共分6个项目，项目1为固体废物的认知，包括4个任务，讲述固体废物的来源、分类、污染特征及处理现状；项目2为固体废物的收集运输，包括3个任务，讲述固体废物的收集、运输及转运系统；项目3为固体废物预处理，包括3个任务，讲述固体废物压实技术、破碎技术和分选技术；项目4为固体废物热处理技术，包括2个任务，讲述固体废物焚烧技术和热解技术；项目5为固体废物生物处理技术，包括2个任务，讲述固体废物好氧堆肥技术和厌氧发酵技术；项目6为典型固体废物的处理利用，包括5个任务，讲述固体废物固化稳定化技术、危险固废处理技术、污泥处理技术、工矿业固体废物和典型生活垃圾的处理与利用。

本书由天津工业职业学院韩金鑫编写。在编写过程中得到了企业专家和其他教师的大力支持和帮助，并参考和借鉴了相关高校教材及专业科技文献资料。在此谨向各位专家、教师及参考文献的作者表示衷心的感谢。

由于作者水平所限，书中不足之处，敬请读者批评指正。

编　者

2020 年 3 月

目 录

项目 1 固体废物的认知

固体废物在人类生存的空间内到处可见，与人们的生活息息相关，一些生活垃圾、废纸、废旧瓶子等都属于生活固体废物；还有一些建筑废钢材、各种人造板材、碎砖混凝土块等都属于建筑固体废物；同时还有医疗固体废物、化工固体废物等都严重影响人们的环境。

本项目系统地介绍了固体废物的定义及其独特的物理性质、化学性质和生物化学性质；简要介绍了固体废物治理的发展现状，以及固体废物的来源、分类、特征、污染特点及危害；最后介绍了固体废物的管理原则、管理制度和管理标准。

任务 1.1 固体废物的定义及发展现状

学习目标

（1）知道固体废物的定义、性质；

（2）了解固体废物发展现状及其处理情况。

1.1.1 固体废物的定义

固体废物（solid wastes）是指人类在生产建设、日常生活和其他活动中产生的丧失原有价值或未丧失使用价值但被抛弃或者放弃的固态、半固态废弃物质。

废物一词只是针对社会生活的，在自然生态系统中是不存在的，由于自然生态系统中存在生产者、消费者和分解者，故自然生态系统中的物质是处于循环状态的。如图 1-1-1 所示。

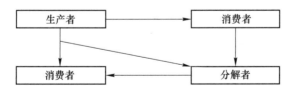

图 1-1-1 自然生态系统中的物质循环

在自然生态系统中，由绿色植物充当生产者，从自然界中吸取水分和矿物质，通过光合作用将太阳能转化为化学能或生物能贮存在生物体内；由人类和其他动植物充当消费者，利用生产者产生的能量供自身生命活动；由微生物充当分解者，利用生产者产生的能量供自身生长繁殖，并分解物质并将其排放到土壤环境中供生产者再次利用。所以在自然生态系统中无废物之说，本书讨论的固体废物是在生产生活中不再具有使用价值而被丢弃的一系列固态、半固态物质。

1.1.2 固体废物的性质

从广义上讲，根据物质的形态划分，废物包括固态、液态和气态废弃物质。其中不能排入水体的液态废物和不能排入大气的置于容器中的气态废物，由于多具有较大的危害性，在我国归入固体废物管理体系。固体废物不同于废水、废气，既有与之相同之处，又有其独特之处。固体废物与废水、废气合称"三废"，都是对环境具有危害的物质。

固体废物有着其独特的物理性质、化学性质和生物化学性质。生活垃圾的压实、破碎和分选等处理方法主要与其物理性质相关；固体废物的堆肥、发酵、焚烧、热解和浮选等处理方法主要与其化学性质相关；固体废物的堆肥、发酵和填埋等处理方法主要与其生物化学性质相关；固体废物的色、臭等感官特性可以通过视觉或嗅觉直接加以判断。

1.1.3 固体废物治理发展现状

随着世界工业进程的发展，世界环境问题也逐渐显现。2008 年全世界固体废物的产生量约为 700000 万吨，其中城市垃圾 49000 万吨，垃圾年增长速度约为 8.42%。我国历年固体废物累计存量超过 1200000 万吨，其中生活垃圾约为 700000 万吨。在如此巨大的垃圾产生量的情况下，固体废物的处理逐渐被各国重视。

表 1-1-1 为各国生活垃圾产生量及处理方式。

表 1-1-1　2007 年各国生活垃圾产生量及处理方式

国家	产生垃圾总量/万吨	填埋/%	焚烧/%	堆肥/%	利用/%
美国	32746	62	10	0	28
日本	5077	12	78	5	5
德国	3500	61	36	3	0
加拿大	2509	73	4	0	23
英国	2000	83	13	0	4
法国	2000	45	42	10	3
意大利	2000	74	16	7	3
西班牙	1330	64	6	17	13
荷兰	770	45	35	5	15
瑞士	370	11	76	13	0
瑞典	320	30	60	0	10
新加坡	292	35	65	0	0
挪威	220	67	22	5	6
丹麦	180	16	71	4	9
芬兰	130	65	4	15	16

目前，国内外广泛采用的城市生活垃圾处理方式主要有卫生填埋、焚烧和高温堆肥等，这三种固体废物处理方式因地理环境、垃圾成分、经济发展水平等因素的不同而有所区别。

由于城市垃圾成分复杂，并受经济发展水平、能源结构、自然条件及传统习惯等因素的影响，国外对城市垃圾的处理一般是随国情而不同，但最终都以无害化、资源化、减量化为处理目标。从应用技术看，国外主要采用填埋、焚烧、堆肥、综合利用等方式，机械化程度较高且形成配套系统。焚烧是目前世界各国广泛采用的城市垃圾处理技术。工业发达国家，特别是日本和西欧，普遍致力于推进垃圾焚烧技术的应用。国外焚烧技术的广泛应用，除得益于经济发达、投资力度大、垃圾热值高外，主要在于焚烧工艺和设备的成熟。

任务 1.2　固体废物的来源和分类

学习目标

(1) 了解固体废物的来源；
(2) 知道固体废物的分类方法；
(3) 熟悉固体废物的种类。

1.2.1　固体废物的来源

固体废物种类繁多、组分复杂，来源于人类生产和生活过程中的许多环节。

1.2.1.1　城市生活垃圾来源

城市生活垃圾主要指居民生活、商业活动、机关办公、市政建设与维护等过程产生的固体废物。

居民生活垃圾是指家庭日常生活过程中产生的废物，如食物垃圾、纸屑、废弃金属、塑料、陶瓷等。商业活动和机关办公垃圾是指商业活动、机关日常工作过程中产生的废物，如废纸、食物垃圾、碎砌体、沥青及其他建筑材料等。市政建设与维护过程产生的垃圾是指市政设施维护和管理过程中产生的废弃物，如碎砖瓦、树叶、死禽畜、锅炉灰渣、污泥等。

1.2.1.2　工业固体废物来源

工业固体废物主要是指矿业、冶金工业、轻工业、机械电子工业、建筑工业、电力工业等生产过程和工业加工过程产生的废渣、粉尘、碎屑、污泥等。

矿业固体废物主要指矿山开采、选矿、矿物加工利用过程中产生的废物，如废矿石、煤矸石、尾矿、金属、建筑废渣等；冶金工业废物是指各种金属冶炼和加工过程中产生的废弃物，如高炉渣、钢渣、赤泥、废矿石、烟尘、各种废旧建筑材料等；轻工业废物是指食品工业、造纸印刷、纺织服装、木材加工等轻工业部门产生的废弃物，如各类食品糟渣、废纸、塑料、橡胶、布头、纤维、染料、刨花、碎木、各种填料等；机械电子工业废物主要指机械加工、电器制造及其使用过程中产生的废弃物，如金属碎料、铁屑、废玻璃、木材、橡胶、塑料、陶瓷以及废旧汽车等；建筑工业废物是指建筑施工、建材生产和使用过程中产生的废弃物，如钢筋、水泥、黏土、石膏、砂石、砖瓦、建筑废渣等；电力工业废物是指电力生产和使用过程中产生的废弃物，如煤渣、粉煤灰、烟道灰等。

1.2.1.3　农业固体废物来源

农业固体废物主要是指种植业、养殖业、农副产品加工业等各项活动中产生的固体废物。

种植业废物是指作物种植生产过程中产生的废弃物，如稻草、小麦秸秆、玉米秸秆、根茎、落叶、废农膜、农药等。养殖业废物是指动物养殖生产过程中产生的废弃物，如畜禽粪便、死鱼死虾、脱落的羽毛等。

1.2.1.4　危险废物来源

危险废物主要是指核工业、核电站、化学工业、医疗单位、制药业、科研单位等产生的废弃物。如放射性废渣、粉尘、污泥等，包括核电站、核研究机构生产研究产生的废物，医院使用过的器械和产生的废物，化学药剂，制药厂药渣，废弃农药，炸药，废油等。这类废物具有毒性、易燃性、腐蚀性、爆炸性、传染性，因而可能对人类的生活环境产生危害。

1.2.2　固体废物的分类

固体废物种类繁多、组成复杂、性质多样，因而也有多种分类方法。

按来源，固体废物可分为城市生活垃圾、工业废物和农业废物等；按化学成分，固体废物可分为有机废物和无机废物；按危害性，固体废物可分为一般固体废物和危险固体废物。

根据城市生活垃圾的性质可将垃圾分为可燃垃圾和不可燃垃圾、高热值垃圾和低热值垃圾、有机垃圾和无机垃圾、可堆肥垃圾和不可堆肥垃圾。

根据资源回收利用和处理处置方式可将固体废物分为可回收废品、易堆腐物、可燃物、无机废物。

任务 1.3　固体废物的特征及污染特点

学习目标

（1）掌握固体废物的污染特征及其控制；
（2）了解固体废物污染的危害。

1.3.1　固体废物的特征

固体废物是人类在日常生活和生产活动中对自然界的原材料进行开采、加工、利用后，不再需要而废弃的东西。固体废物具有鲜明的时间和空间特征，是在错误时间放在错误地点的资源。换个角度讲，可以认为固体废物具有"二重性"，在时间和空间上具有相对性，在此时为废物，在彼时为资源；在此处为废物，在彼处为资源。因此也称固体废物为放错地方的资源。从时间方面讲，它仅仅是在目前的科学技术和经济条件下无法加以利用，但随着时间的推移、科学技术的发展，以及人们的要求变化，今天的废物可能成为明天的资源。从空间角度看，废物仅仅相对于某一过程或某一方面没有使用价值，而并非在一切过程或一切方面都没有使用价值。一种过程的废物，往往可以成为另一种过程的原料。固体废物一般具有某些工业原材料所具有的化学、物理特性，且较废水、废气容易收集、运输、加工处理，因而可以回收利用。

固体废物对环境的污染不同于废水、废气和噪声。固体废物自身的滞留性大、扩散性小，它对环境的影响主要是通过水、气和土壤进行的。其中污染成分的迁移转化，如浸出液在土壤中的迁移，是一个比较缓慢的过程，其危害可能在数年以至数十年后才能发现，特别是一些有害废物对环境造成的危害可能要比其他污染造成的危害严重得多。

1.3.2   固体废物的污染特点

1.3.2.1   数量巨大、种类繁多、成分复杂

固体废物成分复杂、种类繁多，既有有机物又有无机物，既有金属物质又有非金属物质，既有单质又有化合物，既有无毒的又有有毒的；而且随着人们生活水平的提高，固体废物的种类越来越复杂，数量也越来越大。

1.3.2.2   危害具有潜在性、长期性和灾难性

在自然条件下固体废物中一些有毒有害成分会转移到大气、水体和土壤中，参与生态系统的物质循环，对生物体具有潜在的、长期的危害。从某种意义上讲，一些有害固体废弃物对环境造成的危害要比废水、废气造成的危害还要严重。

1.3.2.3   处理过程的终态、污染环境的源头

固体废物是各种污染物的终态，各种污染物通过污染水体、大气和土壤等，最终排放为固体废物被处理。但固体废物中的有害成分，在长期的作用下，又会产生颗粒或气体污染大气，产生渗滤液污染水体和土壤。

1.3.3   固体废物的污染危害

固体废物可以通过水和大气直接或间接地引起人类疾病，其致病途径如图 1-3-1 所示。固体废物对人类环境的危害，主要表现在以下几个方面。

1.3.3.1   侵占土地

固体废物不加利用而堆放需占用大量土地，堆积量越大，占地越多。随着生活水平的提高，城市生活垃圾的排放量也在逐年增加。据估算，每堆积 1 万吨废物，约占地 1 亩（约为 666.67m^2）。随着我国经济发展和人民生活水平的提高，固体废物的产生量会越来越大，如不加以妥善处理，固体废物侵占土地的问题会愈加严重。

1.3.3.2   污染土壤

固体废物长期露天堆放或未采取适当防渗措施进行垃圾填埋，其中部分有毒有害组分

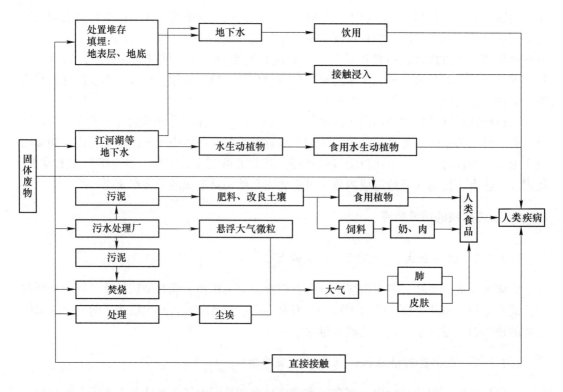

图 1-3-1　固体废物中化学物质致人疾病的途径

很容易因日晒雨淋、地表径流等影响渗入土壤并向周围扩散，使土壤毒化、酸化、盐碱化，改变土壤的性质，破坏土壤的结构，影响土壤微生物的活动或被杀灭，使土壤丧失原有能力。

1.3.3.3　污染水体

固体废物直接倾倒于河流、湖泊或海洋等水体中，或随天然降水和地表径流进入地表水体，以及随渗滤液进入地下水，都能对水体造成严重的污染。

1.3.3.4　污染大气

堆放的固体废物中的细微颗粒、粉尘等随风飘扬，产生颗粒污染物，对大气造成污染。

固体废物在堆放、运输和处理过程中某些物质会发生分解、氧化等化学反应，会产生有害气体和粉尘。例如，煤矸石自燃时会散发出大量的 SO_2、CO_2、NH_3 等气体和大量煤烟，造成严重的大气污染。

1.3.3.5　威胁人体健康

固体废物中的有害成分未经无害化处理随不同的途径进入环境中，严重影响人们的生活环境卫生状况，导致疾病传播，对人体健康构成潜在的威胁。这些有毒有害物质可通过皮肤、口鼻等接触引起病变，部分可引发癌症或中毒。

任务 1.4　固体废物管理体系

学习目标

（1）掌握"三化"原则；

（2）了解固体废物管理制度。

1.4.1　固体废物的管理

固体废物的管理是运用环境管理的理论和方法、相关的技术经济政策和法律法规，对固体废物的产生、收集、运输、贮存、处理、利用和处置等各个环节都实行控制管理，开展污染防治，鼓励废物资源化利用，以促进经济和环境的可持续发展。我国《中华人民共和国固体废物污染环境防治法》明确规定，我国固体废物管理体系是以环境保护主管部门为主，结合有关的工业主管部门以及城市建设主管部门，共同对固体废物实行全过程管理。各主管部门在所辖的职权范围内，建立相应的管理体系和管理制度。各级环境保护主管部门对固体废物污染环境的防治工作实施统一监督管理；国务院有关部门、地方人民政府有关部门在各自的职责范围内负责固体废物污染环境防治的监督管理工作；各级人民政府环境卫生行政主管部门负责城市生活垃圾的清扫、贮存、运输和处置的监督工作。

1.4.2　固体废物管理原则

1.4.2.1　"三化"原则

我国于 20 世纪 80 年代中期提出以"无害化""减量化""资源化"作为控制固体废物污染的技术政策。固体废物处理利用的发展趋势是从"无害化"走向"资源化"，"资源化"是以"无害化"为前提，"无害化"和"减量化"则应以"资源化"为条件。

A　无害化

固体废物"无害化"是指已产生又无法或暂时还不能综合利用的固体废物，利用物理、化学或生物的方法处理，达到不损害人体健康、不污染周围自然环境的目的。目前，固体废物"无害化"处理已成为重要的处理工程，如垃圾的焚烧、卫生填埋、堆肥、厌氧发酵、有害废物的热处理和解毒处理等。

B　减量化

固体废物"减量化"是通过适宜的手段减少固体废物的产生量及排放量。即通过绿色技术、清洁生产工艺等，合理利用资源，最大限度地减少产生和排放固体废物，从源头上直接减少或减轻固体废物对环境的污染和对人体健康的危害，最大限度、全面合理地开发利用资源。"减量化"包括减少数量及减少体积，通过固体废物的压实、破碎或其他处理可减少其体积，达到减量并便于运输、处置等目的，如生活垃圾经焚烧处理后体积可减少 80%~90%，且灰渣便于运输、处理和利用。通过废物再利用等可减少其数量，如将粉煤灰用作水泥混合材料或制砖、砌块，可大大减少其堆存量。

C　资源化

固体废物"资源化"是指采用合理的管理和工艺措施，从固体废物中回收有用的物质和能源，创造经济价值的技术方法。故也有人将固体废物看成放错地方的资源或再生资源。固体废物资源化主要包括物质回收、物质转换和能量转换三个部分。物质回收指从待处理废物中回收有用的二次物质，如纸张、玻璃、金属等。物质转换指利用待处理废物制成新形态的物质，如利用炉渣生产水泥和建筑材料，利用废橡胶生产铺路材料，利用有机垃圾生产堆肥等。能量转换指从待处理废物中回收能量，如热能和电能。

1.4.2.2　"全过程"管理原则

全过程管理指对固体废物的产生、收集、运输、利用、贮存、处理和处置的全过程及各个环节都实行控制管理和开展污染防治。解决全过程管理中固体废物污染控制问题的基本对策是：避免产生（clean）、综合利用（cycle）、妥善处置（control），称为"3C"原则。

随着经济的发展和环保理念的推进，清洁生产越来越受到人们的重视，所谓清洁生产是指不断采取改进设计、使用清洁的能源和原料、采用先进的工艺技术与设备、改善管理、综合利用等措施，从源头削减污染，提高资源利用效率，减少或者避免生产、服务和产品使用过程中污染物的产生和排放，以减轻或者消除对人类健康和环境的危害。因此，现在又提出循环经济理念下的"3R"原则，即通过对固体废物实施减少产生（reduce）、再利用（reuse）、再循环（recycle），实现节约资源、降低环境污染及资源永续利用的目的。

根据全过程管理原则，可将固体废物从产生到处置的全过程分为 5 个阶段进行管理，即清洁生产阶段，通过改变原材料、改进生产工艺措施来减少固体废物的产生；系统内回收利用阶段，对生产过程中产生的固体废物尽量进行系统内的回收利用；系统外回收利用阶段，对生产过程中产生的固体废物进行系统外的回收利用；无害化、稳定化处理阶段，通过一系列技术手段、措施对生产过程中产生的固体废物进行无害化、稳定化处理；最终处置阶段，对无法进一步处理的固体废物进行填埋等最终处置。

1.4.3　固体废物管理制度

由于固体废物污染环境的滞后性和复杂性，所以受重视程度远不如废水和废气，法律法规也不如废水和废气那么全面。但随着固体废物对环境污染程度的加重以及人们环境意识的不断提高，社会对固体废物污染环境问题越来越关注，20 世纪 70 年代以来，人们逐步加深了对固体废物环境管理重要性的认识，不断加强对固体废物的科学管理，并从组织机构、环境立法、科学研究和财政拨款等方面给予支持和保证。许多国家都开展了固体废物及其污染状况调查，并在此基础上制定和颁布了固体废物管理的法规和标准。

世界各国的固体废物管理法规经历了一个漫长的、从简单到完善的过程。美国 1965 年制定的《固体废物处置法》是第一个固体废物处理的专业性法规。日本关于固体废物管理的法规主要是 1970 年颁布并经多次修改的《废弃物处理及清扫法》，迄今已成为包括固体废物资源化无害化以及危险废物管理在内的相当完善的法规体系，此外，还于 1991 年颁布了《促进再生资源利用法》，对促进固体废物的减量化和资源化起到了重要作用。

　　我国全面开展环境立法的工作始于 20 世纪 70 年代末期。1979 年，全国人民代表大会常务委员会原则通过并颁布了《中华人民共和国环境保护法（试行）》。自 1982 年以后，全国人民代表大会常务委员会先后通过了《中华人民共和国海洋环境保护法》《中华人民共和国水污染防治法》和《中华人民共和国大气污染防治法》。1989 年 12 月 26 日第七届全国人民代表大会常务委员会第十一次会议通过了《中华人民共和国环境保护法》。《中华人民共和国环境保护法》是我国环境保护的基本法，对我国环境保护工作起着重要的指导作用。1995 年颁布了《中华人民共和国固体废物污染环境防治法》，2004 年进行修订，2013 年、2015 年两次修正，并于 2016 年 11 月 7 日进行最新修改。修改后的《中华人民共和国固体废物污染环境防治法》共分为 6 章，内容涉及固体废物污染环境防治的监督管理、固体废物污染环境的防治、危险废物污染环境防治的特别规定、法律责任等，是我国固体废物污染环境防治及管理的法律依据。

　　根据我国国情，并借鉴国外的经验和教训，我国固体废物目前采用以下管理制度。

1.4.3.1　分类管理

　　固体废物具有量多面广、成分复杂的特点，因此《中华人民共和国固体废物污染环境防治法》确立了对城市生活垃圾、工业固体废物和危险废物分别管理的原则，明确规定了主管部门和处置原则；在《中华人民共和国固体废物污染环境防治法》第五十二条中明确规定："禁止混合收集、贮存、运输、处置性质不相容的未经安全性处理的危险废物，禁止将危险废物混入非危险废物中贮存。"

1.4.3.2　工业固体废物申报登记制度

　　为了使环境保护主管部门掌握工业固体废物和危险废物的种类、产生量、流向以及对环境的影响等情况，进而有效地防治工业固体废物和危险废物对环境的污染，《中华人民共和国固体废物污染环境防治法》要求实施工业固体废物和危险废物申报登记制度。

1.4.3.3　固体废物污染环境影响评价制度及其防治设施的"三同时"制度

　　环境影响评价和"三同时"制度是我国环境保护的基本制度，《中华人民共和国固体废物污染环境防治法》进一步重申了这一制度。

1.4.3.4　排污收费制度

　　固体废物是严禁不经任何处置排入环境当中的。《中华人民共和国固体废物污染环境防治法》规定，"企业事业单位对其产生的不能利用或者暂时不利用的工业固体废物，必须按照国务院环境保护主管部门的规定建设贮存或者处置的设施、场所"。而固体废物排污费的交纳，在这些设施、场所建成达到环境保护标准之前产生的工业固体废物需交纳排污费。

1.4.3.5　限期治理制度

　　《中华人民共和国固体废物污染环境防治法》规定，没有建设工业固体废物贮存或者处置设施、场所，或者已建设但不符合环境保护规定的单位，必须限期建成或者改造。实行限期治理制度是有效的防治固体废物污染环境的措施。

1.4.3.6　进口废物审批制度

《中华人民共和国固体废物污染环境防治法》明确规定："禁止中国境外的固体废物进境倾倒、堆放、处置"；"禁止经中华人民共和国过境转移危险废物"；"国家禁止进口不能用作原料的固体废物；限制进口可以用做原料的固体废物"。

1.4.3.7　危险废物行政代执行制度

《中华人民共和国固体废物污染环境防治法》规定，"产生危险废物的单位，必须按照国家有关规定处置；不处置的，由所在地县以上地方人民政府环境保护行政主管部门责令限期改正；逾期不处置或者处置不符合国家有关规定的，由所在地县以上地方人民政府环境保护行政主管部门指定单位按照国家有关规定代为处置，处置费由产生危险废物的单位承担"。行政代执行制度是一种行政强制执行措施，这一措施可保证危险废物能得到妥善、适当的处置。

1.4.3.8　危险废物经营单位许可证制度

《中华人民共和国固体废物污染环境防治法》规定，"从事收集、贮存、处置危险废物经营活动的单位，必须向县级以上人民政府环境保护行政主管部门申请领取经营许可证"。

1.4.3.9　危险废物转移报告单制度

危险废物转移报告单制度的建立，是为了保证危险废物的运输安全，以及防止危险废物的非法转移和非法处置，保证危险废物的安全监控，防止危险废物污染事故的发生。

1.4.4　固体废物管理技术标准

经过不断地发展和改革，我国已初步建立固体废物标准体系，有关固废的管理标准主要分为四类，即固体废物分类标准、固体废物监测标准、固体废物污染控制标准、固体废物综合利用标准。

1.4.4.1　固体废物分类标准

固体废物分类标准主要用于对固体废物进行分类。主要包括《国家危险废物名录》《危险废物鉴别标准》《城市垃圾产生源分类及垃圾排放》等。

1.4.4.2　固体废物监测标准

固体废物监测标准主要用于对固体废物环境污染进行监测。它主要包括固体废物的样品采制、样品处理以及样品分析标准等。固体废物对环境的污染主要是通过渗滤液和散发的气体释放物进行的，因此，这些释放物的监测还需按照废水和废气的有关监测方法进行。这些标准主要有《固体废物浸出毒性测定方法》《固体废物监测技术规范》《工业固体废物采样制样技术规范》《危险废物鉴别标准急性毒性初筛》《城市生活垃圾采样和物理分析方法》《生活垃圾填埋场环境监测技术标准》等。

1.4.4.3　固体废物污染控制标准

固体废物污染控制标准是对固体废物污染环境进行控制的标准。它是进行环境影响评价、环境治理、排污收费等管理的基础，因而是所有固废标准中最重要的标准。

固体废物管理与废水、废气的最大区别在于固体废物没有与其形态相同的受纳体，其对环境的污染主要是通过其释放物（渗滤液、产生气体等）对水体和大气的污染，即使是对土壤的污染也是通过渗滤液进行的，而这一过程时间长，过程复杂，一旦形成污染将很难予以消除。从这个角度上讲，固体废物的环境保护控制标准与废水、废气的标准是截然不同的，无法采用末端浓度控制的方法。我国固体废物控制标准采用处置控制的原则，在现有成熟处置技术的基础上，制定废物处置的最低技术要求，再辅以释放物控制，以达到防治固体废物污染环境的目的。

固体废物污染控制标准分为两大类：一类是废物处理处置控制标准，即对某种特定废物的处理处置提出的控制标准和要求，如《多氯苯废物污染控制标准》《有色金属固体废物污染控制标准》《建筑材料用工业废渣放射性限制标准》《农用粉煤灰中污染物控制标准》《城镇垃圾农用控制标准》等；另一类是废物处理设施的控制标准，如《城市生活垃圾填埋污染控制标准》《城市生活垃圾焚烧污染控制标准》《危险废物安全填埋污染控制标准》《一般工业固体废物贮存、处置场污染控制标准》等。

1.4.4.4　固体废物综合利用标准

根据《中华人民共和国固体废物污染环境防治法》的"三化"原则，固体废物的资源化在固体废物管理中是非常重要的。为了大力推行固体物的综合利用技术，并避免在综合利用过程中产生二次污染，生态环境部正在制定一系列有关固体废物综合利用的规范、标准。首批要制定的是综合利用标准，包括有关电镀污泥、含铬废渣磷石膏等废物综合利用的规范和技术标准。今后还将根据技术的成熟程度、环境保护的需要陆续制定各种固体废物综合利用的标准。

 习题与思考

(1) 解释：固体废物，"三化"原则。

(2) 固体废物按来源可分为哪几类？各举 1~3 个主要固体废物来说明。

(3) 固体废物污染的特点是什么？

(4) 如何理解固体废物的二重性，固体废物污染与水污染、大气污染、噪声污染的区别是什么？

(5) 试论述固体废物污染的危害。

(6) 阐述我国固体废物管理体系及相关技术标准。

项目 2　固体废物的收集运输

　　固体废物的收集与运输是连接废物产生源和处理处置系统的重要中间环节，在固体废物管理和处理中占有非常重要的地位。应根据固体废物的种类、特性、数量，特别是根据处理的方向和技术分别进行收集，并制定科学合理的收运计划以提高收运效率。

　　本项目系统介绍了固体废物的收集方式、运输方式，阐述了固体废物的收集过程及收集方式，以及生活垃圾收集线路的设计，介绍了垃圾转运系统及城市垃圾中转站的设置。

任务 2.1　收集运输概述

学习目标

　　(1) 掌握城市生活垃圾的收集方式；
　　(2) 了解固体废物的运输方式。

2.1.1　固体废物收集方式

　　固体废物的收集方式主要分为：混合收集和分类收集两种形式。

2.1.1.1　混合收集

　　混合收集是指统一收集未经任何处理的原生固体废物，并混杂在一起的收集方式。这种收集方式历史悠久，应用也最广泛，收集费用低，比较简便易行；但缺点是各种废物相互混杂，降低了废物中有用物质的纯度和再生利用价值，同时也增加了废物的处理难度和费用。

2.1.1.2　分类收集

　　分类收集是指根据废物的种类和成分分别收集的方式。这种收集方式可以提高回收物资中有用物质的纯度和数量，有利于废物的综合利用，还可以减少后续处理的废物量和费用。

　　对固体废物进行分类收集时，一般应遵循以下原则：

　　(1) 工业废物与城市垃圾分开。工业废物的发生源集中、产生量大、可回收利用率高，而且危险废物也大都源自工业废物；城市垃圾的发生源分散、产生量相对较少、污染成分以有机物为主。因此，对工业废物和城市垃圾实行分类，有利于大批量废物的集中管理和综合利用，可以提高废物管理、综合利用和处理、处置的效率。

　　(2) 危险废物与一般废物分开。由于危险废物具有可能对环境和人类造成危害的特性，一般需要对其进行特殊的管理，对处理、处置设施的要求和建设费用、运行费用都要比一般废物高很多。对危险废物和一般废物实行分类，可以大大减少需要特殊处理的危险废物量，从而降低危险废物管理的成本，并能减少和避免由于废物中混入有害物质而在处置过程中对环境产生潜在的危害。

（3）可回收利用物质与不可回收利用物质分开。固体废物作为人类对自然资源利用的产物，其中包含大量的资源。这些资源可利用价值的大小，取决于它们的存在形态，即废物中资源的纯度越高，利用价值就越大。对废物中的可回收利用物质和不可回收利用物质实行分类，有利于固体废物资源化的实现。

（4）可燃性物质与不可燃性物质分开。对于大批量产生的固体废物，如城市垃圾，分为可燃物与不可燃物，有利于处理、处置方法的选择和处理效率的提高。不可燃性物质可直接填埋处置，可燃性物质可以采取焚烧处理，或再将其中的可堆肥物质进行堆肥或消化处理。

根据固体废物的收集时间，固体废物的收集方式又可分为定期收集和随时收集。

（1）定期收集。定期收集是指按固定的时间周期对特定废物进行收集的固废处理方式。这种收集方式可以将暂存废物的危险性减小到最低程度，有计划地使用运输车辆。定期收集适用于危险废物和大型垃圾的收集。

（2）随时收集。对于生产无规律的固体废物，如采用非连续生产工艺或季节性生产的工厂产生的固体废物，通常采用随时收集的方式。

2.1.2 固体废物的运输

2.1.2.1 车辆运输

采用车辆运输方式时，要充分考虑车辆与收集容器的匹配、装卸的机械化、车身的密封、对废物的压缩方式、转运站类型、收集运输线路以及道路交通情况等。

以装车形式分，垃圾运输车大致可分为前装式、侧装式、后装式、顶装式、集装箱直接上车等形式。车辆大小以装载质量分，额定量约 10~30t。

为了提高垃圾收集运输的效率，降低劳动强度，首先需要考虑收运过程的装卸机械化，而实现装卸机械化的前提是收运车辆与收集容器的匹配；车身的密封主要是为了防止运输过程中废物泄漏对环境造成污染，尤其是危险废物对其密封的要求更高；废物的压缩主要与车辆的装载效率有关。

影响车辆装载效率的因素主要有废物的种类（成分、含水率、密度、尺寸等）、车厢的容积与形状、容许装载负荷、压缩方式、压缩比等。

2.1.2.2 船舶运输

船舶运输适用于大容量的废物运输，在水路交通方便的地区应用较多。船舶运输由于装载量大、动力消耗小，其运输成本一般比车辆运输和管道运输低。但是，船舶运输一般采用集装箱方式，所以，在中转码头以及处置场码头必须配备集装箱装卸装置。另外，在船舶运输过程中，特别要注意防止由于废物泄漏对河流造成污染，在废物装卸地点尤其需要注意。

2.1.2.3　管道运输

管道运输分为空气输送和水利输送两种类型。与水利输送比较，空气输送的速度要大得多，但所需的动力和对管道的磨损也较大，而且长距离输送容易发生堵塞。水利输送在安全性和动力消耗方面优于空气输送，主要问题是水源的保障和输送后水处理的费用。

管道运输的特点是：废物流与外界完全隔离，对环境的影响较小，属于无污染型输送方式，同时，受外界的影响也较小，可以实现全天候运行；输送管道专用，容易实现自动化，有利于提高废物运输的效率；由于是连续输送，有利于大容量长距离的输送；设备投资较大；灵活性小，一旦建成，不易改变其线路和长度；目前运行经验不足，可靠性尚待进一步验证。

2.1.3　工业固体废物的收集运输

在我国，工业固体废物处理的原则是"谁污染，谁治理"。一般产生废物较多的工厂在厂内外都建有自己的堆场，收集、运输工作由工厂负责。零星、分散的固体废物（工业下脚废料及居民废弃的日常生活用品）则由商业部所属废旧物资系统负责收集。此外，有关部门还组织城市居民、农村基层供销合作社收购站代收废旧物资。对大型工厂，回收公司到厂内回收，中型工厂则定人定期回收，小型工厂划片包干巡回回收。并配备管理人员，设置废料仓库，建立各类废物"积攒"资料卡，开展经常性的收集和分类存放活动。收集的品种有黑色金属、有色金属、橡胶、塑料、纸张、破布、麻、棉、化纤下脚、牲骨、人发、玻璃、料瓶、机电五金、化工下脚、废油脂等 16 个大类 1000 多个品种。暂时不能利用的则暂时堆存，留待以后再处理。对有害废物专门分类收集，分类管理。

2.1.4　城市垃圾的收集运输

城市垃圾包括生活垃圾、商业垃圾、建筑垃圾、粪便以及污水处理厂的污泥等。它们的收集工作是分开进行的。商业垃圾及建筑垃圾原则上都是由单位自行清除。粪便的收集按其住宅有无卫生设施分成两种情况：具有卫生设施的住宅，居民粪便的小部分进入污水厂做净化处理，大部分直接排入化粪池；没有卫生设施的使用公共厕所或倒粪站进行收集，再由环卫专业队伍用真空吸粪车清除运输。一般每天收集一次，当天运出市区。化粪池的粪便，达到初级处理后，定期清运。清除的粪便可直接用粪车，或粪船运至郊区农村经密封发酵后作肥料使用。

任务 2.2　固体废物收集系统

学习目标

（1）了解生活垃圾的收集过程；

（2）掌握生活垃圾的收集系统；

（3）了解生活垃圾收集线路的设计。

2.2.1　生活垃圾的收集过程

生活垃圾的收集，可以分成五个阶段：

第一阶段是垃圾发生源到垃圾桶的过程。这里的收集又分成分类收集与混合收集，为了资源的回收利用，混合收集的垃圾要经过分选，而在垃圾发生源进行分选是最为理想、耗能最少的方法。采用由家庭分类，直接送到回收利用的地方另行收集的做法。有的分类收集纸，有的分类收集玻璃塑料等。

目前我国开始采取强制性的分类收集办法试点，分类收集的废物有纸、塑料、橡胶、金属、玻璃、塑料瓶、破布、生活垃圾等物。

为了改善环境卫生，有些城市或部分地区试行垃圾袋装化，不允许散装垃圾进入垃圾箱，而是袋装后投入垃圾箱，或是放在路边，由垃圾车运走。垃圾袋装化可以减小垃圾箱周围的臭气和蚊蝇滋生，在清除和运输过程不致有垃圾飞扬和撒漏，减少装卸的时间。有些地区还规定了垃圾投放时间，以保证环境卫生。

第二阶段是垃圾的清除。我国统一由环卫工人将垃圾箱内垃圾装入垃圾车内。美国、英国等国的垃圾收集方式与我国大体相同。但垃圾车较大，并带有压实装置，可以装更多的垃圾，机械化程度较高，但也有人工操作的。我国城市有少数垃圾压实车。

关于清除频率（收集频率），按我国的管理规定垃圾应当做到日收日清，即每日收集一次，国外则是根据垃圾发生量以及垃圾种类采取不同的收集频率，有些每日清除，有些每周清除二次或三次不等。

第三阶段是垃圾车按收集路线将垃圾桶中垃圾进行收集。遵循整个行驶距离最小的原则，根据需处理的垃圾量，使劳动力和设备有效地发挥作用，垃圾收集车按照设计好的收集线路进行收集。

第四阶段是垃圾车装满后运输至垃圾堆场或转运站，进行后续处理，一般由垃圾车完成。

第五阶段是垃圾再由转运站运送至最终处置场，或填埋场。因为最终处置场或堆场一般设置在郊县或农村，输送距离较远，所以需要有大容量的运输工具，轮船及火车是适合的容器。第四、五阶段需应用最优化技术。将垃圾源分配到不同处置场，以使成本降到最低。

日本开发研究了新的收集、输送技术：如单轨火车传送带输送，管道输送、真空或正压输送、水力输送等，这些新技术在自动、省力方面有较大改进，但是可能会产生二次污染，并且使原本占处置费用 60%~70% 的收集运输费用更高。

2.2.2　收集系统分析

收集系统分析是针对不同收集系统和收集方法，研究完成所需要的车辆、劳力和时间。分析的方法是将收集活动分解成几个单元操作，根据过去的经验与数据，并估计与收集活动有关的可变因素，研究每个单元操作完成的时间。

2.2.2.1　基本概念

收集系统有两种：一种是拖曳容器系统；另一种是固定容器系统。拖曳容器系统是从收集点将装满垃圾的容器用牵引车拖曳到处置场（或转运站加工场）倒空后再送回原收集点，车子再开到第二个垃圾桶放置点，如此重复直至一天工作日结束。或当开车去第一个垃圾桶放置点时，同时带去一只空垃圾桶，以替换装满垃圾的垃圾桶，待拖到处置场出空后又将此空垃圾桶送到第二个垃圾桶放置点，重复至收集线路的最后一个垃圾桶被拖到处置场出空为止，牵引车带着这只空垃圾桶回到调度站。固定容器系统中垃圾桶放在固定的收集点，垃圾车从调度站出来将垃圾桶中垃圾出空，垃圾桶放回原处，车子开到第二个收集点重复操作，直至垃圾车装满或工作日结束，将车子开到处置场出空垃圾车，垃圾车开回调度站。

以上两种收集系统又可分解成 4 个单元过程来计算收集所耗费的时间。

A　"拾取"时间

"拾取"时间即装车时间，它取决于所选用的收集系统类型。

B　运输时间

运输时间是指收集车辆从集装点行至终点所需时间，加上离开终点驶回原处或下一个集装点的时间。运输时间也取决于所选用的收集系统的类型。

C　在处置场所花费的时间

在处置场所花费的时间是指垃圾收集车在处置场所逗留的时间，包括把垃圾从容器或者收集车上卸载的时间以及此前等待所花费的时间。

D　非生产性时间

非生产性时间是指在收集操作全过程中非生产性活动所花费的时间。

2.2.2.2　拖曳容器系统

拖曳容器系统的废物存放容器被拖到处理地点，倒空，然后回拖到原来的地方或者其他地方，拖曳容器系统操作程序有两种模式：一是简便模式，如图 2-2-1 所示，它是比较传统的收集方式，用运输车从收集点将已经装满废物的容器拖到转运站或处置场，清空后再将空容器送回至原收集点，然后运输车开向第二个收集点，重复这一操作。显然，采用这种方式，运输车的行程较长。二是经改进后形成交换模式的拖曳容器系统，如图 2-2-2 所示，运输车在每个收集点都用空容器交换该点已经装满垃圾的容器。与简便模式相比，消除了运输车在两个收集点之间的空载运行。

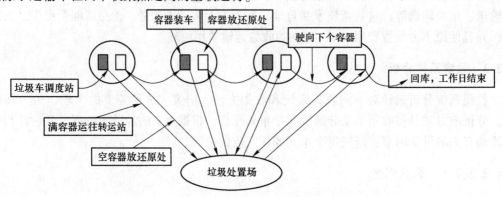

图 2-2-1　拖曳容器系统——简便模式垃圾收集示意图

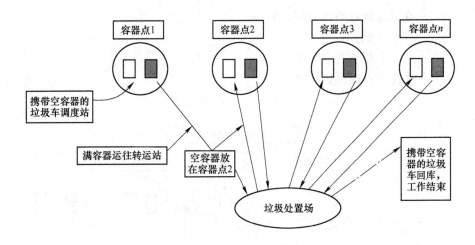

图 2-2-2　拖曳容器系统——交换模式垃圾收集示意图

在拖曳容器系统中，每收集一桶垃圾所需时间用下式表示：

$$T_{hcs} = \frac{P_{hcs} + S + a + bx}{1 - w}$$

式中　T_{hcs}——拖曳垃圾桶每个双程所需时间，h；

　　　P_{hcs}——每个双程拾取花费的时间，h；

　　a,b——经验常数；

　　　x——每个双程旅程运输距离，km；

　　　S——在处置场花费的时间，h；

　　　w——非生产性时间因子，%。

其中　　　　　　　　　　　　$h = a + bx$

式中　h——每个双程运输花费的时间，h。

其中　　　　　　　　　$P_{hcs} = P_c + u_c + d_{bc}$

式中　P_c——满容器装车时间，h；

　　　u_c——空容器放回原处时间，h；

　　　d_{bc}——容器间行驶时间，h。

当拾取时间与在处置场的时间相对稳定时，运输时间取决于车辆速度和运输距离。

2.2.2.3　固定容器系统

固定容器系统垃圾收集模式如图 2-2-3 所示，这种运转方式是用大容积的运输车到各个收集点收集废物，容器倒空后放回原地，最后车装满后卸到转运站或处置场。由于运输车在各站间只需单程行车，所以与拖曳容器系统相比，收集效率更高。

机械装卸垃圾的垃圾车一般用压缩机进行自动装卸垃圾，每个双程旅程所需的时间为：

$$T_{scs} = \frac{P_{hcs} + S + a + bx}{1 - w}$$

式中　T_{scs}——每个双程旅程所需时间，h；

　　　P_{hcs}——每个双程旅程拾取花费的时间，h；

S——在处置场花费的时间，h；

a，b——经验常数；

x——每个双程旅程运输距离，km；

w——非生产性时间因子，%。

其中

$$P_{scs} = C_t u_c + (N_p - 1) d_{bc}$$

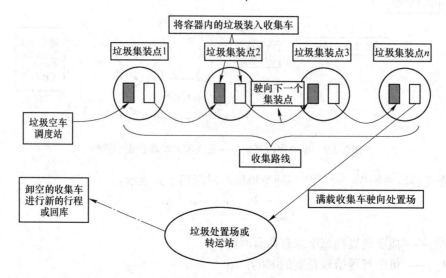

图 2-2-3　固定容器系统垃圾收集示意图

式中　C_t——每次行程倒空的容器数，个；

u_c——卸空一个容器的平均时间，h；

$N_p - 1$——每一行程经历的集装点数；

d_{bc}——每一行程各集装点之间平均行驶时间，h。

与拖曳容器系统不同的是拾取所需的时间。

2.2.3　收集路线设计

一旦劳动量和收集车辆已定，则应当很好的规划收集线路，使劳动力和设备有效地发挥作用。收集线路的设计没有固定的规则，一般用尝试误差法进行。

路线设计的主要问题是收集车辆如何通过一系列的单行线或双行线街道行驶，以使整个行驶距离最小，或者说空载行程最小。

线路设计大体上分成四步：

第一步，在商业、工业或住宅区的大型地图上标出每个垃圾桶的放置点、垃圾桶的数量和收集频率。如果是固定容器系统还应标出每个放置点的垃圾产生量。根据面积的大小和放置点的数目将地区划分成长方形和方形的小面积，使之与工作所使用的面积符合。

第二步，根据这个平面图，将每周收集相同频率的收集点的数目和每天需要出空的垃圾桶数目列出一张表。

第三步，从调度站或垃圾车停车场开始设计每天的收集线路。在设计路线时应考虑下列因素：（1）收集地点和收集频率应与现存的规定一致；（2）收集人员的多少和车辆类型应与现实条件相协调；（3）线路的开始与结束应邻近主要道路，尽可能地利用地形和自然疆界作为线路的疆界；（4）在陡峭地区，线路开始应在道路倾斜的顶端，下坡时收集，便于车辆滑行；（5）线路上最后收集的垃圾桶应离处置场的位置最近；（6）交通拥挤地区的垃圾应尽可能安排在一天的开始收集；（7）垃圾量大的产生地应安排在一天的开始量收集；（8）如果可能，收集频率相同而垃圾量小的收集点应在一天收集或同一个旅程中收集。利用这些因素，可以制定出效率高的收集线路。

第四步，当各种初步线路设计出后，应对垃圾桶之间的平均距离进行计算。应使每条线路经过的距离基本相等或相近，如果相差太大应当重新设计。如果不止一辆收集车辆时，应使驾驶员的负荷平衡。

以上所说是针对拖曳容器系统的，对固定容器系统基本相同，只是第二步以每日收集垃圾量来平衡制表。

由于计算太复杂，此处不再举例说明。现在，比较先进的设计方法是利用系统工程采取模拟方法，求出最佳收集线路。

【例 2-2-1】 从一新建工业园区收集垃圾，根据经验从车库到第一个容器放置点的时间 t_1 以及从最后一个容器到车库的时间 t_2 分别为 20min 和 25min。假设容器放置点之间的平均驾驶时间为 10min，装卸垃圾容器所需的平均时间为 30min，工业园区到垃圾处置场的单程距离为 35km（垃圾收集车最高行驶速度为 88km/h），试计算每天能清运的次数和每天的实际工作时间（每天工作时间 8h，非工作因子为 0.15，处置场停留时间为 0.15h，a 为 0.012h，b 为 0.022h/km）。

解：（1）装载时间：

$$P_{hcs} = P_c + u_c + d_{bc} = 0.5 + 0.17 = 0.67h$$

（2）每趟需要时间：

$$S = 0.15h, \quad a = 0.012h, \quad b = 0.022h/km, \quad x = 35 \times 2 = 70km$$

$$T_{hcs} = P_{hcs} + S + a + bx = 0.67 + 0.15 + 0.012 + 0.022 \times 70 = 2.37h$$

（3）每天能够清运的次数：

$$N_d = \frac{H(1-w) - (t_1 + t_2)}{T_{hcs}} = \frac{8 \times (1 - 0.15) - (0.33 + 0.42)}{2.37} = 2.55 \text{ 次/d}$$

取整后，每天能够清运的次数为 2 次。

（4）每天实际工作时间：

根据 $N_d = \dfrac{H(1-w) - (t_1 + t_2)}{T_{hcs}} = 2[H(1 - 0.15) - (0.33 + 0.42)]/2.37$，所以 $H = 6.46h$

每天的实际工作时间为 6.46h。

任务 2.3　固体废物转运系统

学习目标

（1）了解垃圾转运系统；

（2）掌握城市垃圾中转站的设置。

2.3.1　垃圾转运系统

随着城市的发展，从环境保护与环境卫生角度看，垃圾处理场或处置场不宜离居民区太近，土壤条件也不允许垃圾管理站离市区太近，因此城市垃圾转运是必然趋势。

在城市垃圾收集系统中，转运是指将各分散收集点较小的收集车清运的垃圾转载到大型运输车辆，并将其远距离运输至垃圾处理利用设施或处理场的过程。转运站就是指上述转运过程的建筑设施与设备。

拖曳（移动）容器式收集运输、固定容器式收集运输与设置中转站转运三种运输方式的费用方程如下：

（1）拖曳（移动）容器式收集运输：$C_1 = a_1 S$

（2）固定容器式收集运输：$C_2 = a_2 S + b_2$

（3）设置中转站转运：$C_3 = a_3 S + b_3$

式中　S——运距；

　　　a_n——各运输方式的单位运费；

　　　b_n——设置转运站后增添的基建投资分期偿还费和操作管理费；

　　　C_n——运输方式的总运输费。

一般情况下，$a_1 > a_2 > a_3$，$b_3 > b_2$。

三种运输方式运费如图 2-3-1 所示。

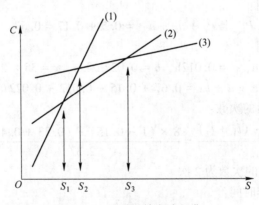

图 2-3-1　三种运输方式运费

当 $S > S_3$ 时，用方式（3）合理，即需设置转运站；

当 $S < S_1$ 时，用方式（1）合理，不需要设置转运站；

当 $S_1 < S < S_3$ 时，用方式（2）合理，不需设置转运站。

2.3.2　转运站的类型

转运站是将垃圾从小型收集车转载（装载）到大型专用运输车，以形成单车运输经济节约、提高运输效率的设施。转运站使用广泛、形式多样，可按不同方式进行分类。

根据转运规模，可将转运站分为小型转运站（日转运量 150t 以下）、中型转运站（日转运量 150~450t）、大型转运站（日转运量 450t 以上）。

　　根据转运次数，可将转运站分为一次转运和二次转运。一次转运即垃圾收集后只经过转运站直接运往垃圾处理场。二次转运即垃圾收集后经过小型转运站运往大、中型转运站后再运往垃圾处理场。

　　根据运输方式，可将转运分为公路转运、铁路转运和水路转运三种。在公路转运中，车辆是最主要的运输工具，使用较多的公路转运车辆有半拖挂转运车、车厢一体式转运车和车厢可卸式转运车等。铁路转运是在需要远距离大量运输时最有效的解决方法。水路转运价廉且运输量大，因此也受到人们的重视，水路垃圾转运站设在河流岸边，垃圾收集车可将垃圾直接卸入停靠在码头的驳船里，水路转运需要设计良好的装卸专用码头。

　　根据装载方式和压实程度，转运站可分为直接倾卸、直接倾卸压实、贮存待装和复合型转运站四种。直接倾卸适用于大容量直接装车，即垃圾收集后由小型收集车运到转运站，直接将垃圾倒入车厢、带拖挂的大型运输车或集装箱内，由牵引车拖带进行运输。直接倾卸压实转运是在转运站内设有一台固定式压实机，垃圾经压实后推入大型运输工具上。贮存待装是指将垃圾卸到贮存槽内或平台上，再用辅助工具装到运输车上。复合型转运站既可直接装车又可贮存待装，是一种多用途的转运站，它比单一用途的转运站更便于垃圾转运。

2.3.3　转运站的选址及设计要求

　　转运站的建设一般要求将固体废物处理处置设施建在与城市居民区或工业区有一定距离的地方，且转运站一般建议建在小型运输车的最佳运输距离之内，如图 2-3-2 所示。

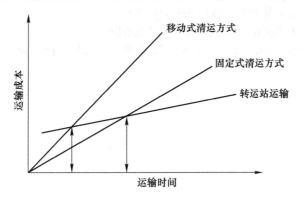

图 2-3-2　运输成本与运输时间的关系

　　所以转运站选址应注意以下问题：

　　（1）转运站选址应符合城镇总体规划和环境卫生专业规划的基本要求；

　　（2）转运站的位置应在生活垃圾收集服务区内人口密度大、垃圾排放量大、易形成转运站经济规模的地方；

　　（3）转运站选址不宜临近广场、餐饮店等群众日常生活聚集场合；

　　（4）在具备铁路运输条件下，且运距较远时，宜设置铁路或水路运输垃圾转运站。

　　【例 2-3-1】　设清运成本如下：移动式清运方式，使用自卸收集车，容积 6m³，运输成本 32 元/h；固定式清运方式，使用 15m³ 侧装带压缩装置密封收集车，运输成本 48 元/h；中转站采用重型带拖挂垃圾运输车，容积 90m³，运输成本 64 元/h；中转站管理费用（包括基建投资偿还费在内）1.2 元/m³，第三种较其他车辆增加成本 0.20 元/m³。如何选择清运方式？

解：用 C 表示单位运输量成本（元/m^3），先求出三种运输方式的运输量成本 C：

（1）用自卸收集车方式：

先求出系数 a_1，$a_1 = 32/(6 \times 60) = 0.089$ 元/($m^3 \cdot min$)；

则以运输时间表示的运输量成本 $C_1 = a_1t = 0.089t$

（2）用侧装带压缩装置密封收集车

$a_2 = 48/(15 \times 60) = 0.053$ 元/($m^3 \cdot min$)；

则以运输时间表示的运输量成本 $C_2 = a_2t = 0.053t$

（3）用重型带拖挂垃圾运输车

$a_3 = 64/(90 \times 60) = 0.012$ 元/($m^3 \cdot min$)；

$b_3 = 1.2 + 0.2 = 1.4$ 元/m^3；

则以运输时间表示的运输量成本 $C_3 = a_3t + b_3 = 0.012t + 1.4$

当 $t < 18min$（可算出相应的运距），可以用方式（1）或（2）；

当 $18min < t < 34min$ 时选定用方式（2）；

当 $t > 34min$ 则用方式（3），即设转运站最经济。

 习题与思考

（1）固体废物收集方法有哪几种？

（2）生活垃圾收运过程分为几个阶段？分别是什么？

（3）试说明拖曳容器系统收集和固定容器系统收集的操作过程。

（4）如何选择拖曳容器系统收集、固定容器系统收集和设置转运站方式收集？依据是什么？

项目 3   固体废物预处理

在对固体废物进行综合利用和深度处理之前，往往需要实行预处理，以便于进行下一步处理。预处理是以机械处理为主，涉及废物中某些组分的简易分离与浓集的废物处理方法，其目的是方便废物后续的资源化、减量化和无害化处理与处置操作。预处理主要包括压实、破碎和分选等。

本项目介绍了固体废物的压实目的和原理以及压实设备，破碎原理和破碎方法以及破碎设备，筛分、重力分选、磁力分选、电力分选和浮选等分选技术。

任务 3.1   固体废物的压实技术

学习目标

（1）掌握固体废物压实原理；

（2）了解固体废物压实设备。

3.1.1   压实目的

压实，又称为压缩，是一种采用机械方法将固体废物中的空气挤压出来，减少其空隙率来增加固体废物的聚集程度的处理方法。

压实操作的目的：一是为了减小体积、增加容重以便于装卸运输，降低运输成本，确保运输安全与卫生；二是为了制作高密度惰性块状材料，以便于储存、填埋或制作建筑材料。

压实操作对于大部分固体废物都可以采用，但考虑到压缩比和成本等因素，主要适用于压缩性能大而复原性能小的物质，如废旧冰箱、洗衣机或中空性废物（纸箱、纸袋等）。对于城市生活垃圾，压实前容重通常在 100~600kg，经过压实处理后容重可以提高到 1000kg 左右，体积减少到原来体积的 1/10~1/3，可有效节约空间。

3.1.2   压实原理

3.1.2.1   压实程度的度量

固体废物的压实程度可以用空隙比与空隙率、湿密度与干密度、体积减小百分比、压缩比与压缩倍数等表示。

A   空隙比与空隙率

可将固体废物设想为各种固体物质颗粒及颗粒间的气体空隙共同构成的集合体。自然堆放时，表观总体积是废物颗粒有效体积与孔隙占有的体积之和，即：

$$V_m = V_s + V_v$$

式中　V_m——固体废物的总体积；

　　　V_s——固体颗粒体积（包括水分）；

　　　V_v——孔隙体积。

空隙比为空隙体积与固体颗粒体积之比，通常用 e 表示：

$$e = \frac{V_v}{V_s}$$

空隙率为空隙体积与总体积之比，通常用 n 表示：

$$n = \frac{V_v}{V_m}$$

空隙比或空隙率越低，则表明压实程度越高，相应的容重越大。

B　湿密度与干密度

如果忽略空隙中气体的质量，那么固体废物的总质量就等于固体物质的质量与水分的质量之和，即：

$$W_m = W_s + W_w$$

式中　W_m——固体废物的总质量；

　　　W_s——固体物质的质量；

　　　W_w——水分的质量。

固体废物的湿密度为固体废物总质量与总体积之比，通常用 ρ_w 表示：

$$\rho_w = \frac{W_m}{V_m}$$

固体废物的干密度为固体废物中固体物质的质量与固体废物总体积之比，通常用 ρ_d 表示：

$$\rho_d = \frac{W_s}{V_m}$$

固体废物在实际的收集运输及处理过程中测定的物料质量常都包括水分，故一般容重指的是湿密度。压实前后固体废物的密度值及其变化率大小，是度量压实效果的重要参数，也容易测定，故比较实用。

C　体积减小百分比

体积减小百分比通常用 R 表示，可以通过下式计算：

$$R = \frac{V_q - V_h}{V_q} \times 100\%$$

式中　R——体积减小百分比，%；

　　　V_q——原始状态下物料的体积，m^3；

　　　V_h——压缩后的体积，m^3。

D　压缩比与压缩倍数

压缩比是指固体废物经过压实处理前后体积减小的程度，可定义为原始状态下物料的体积与压缩后体积的比值，通常用 r 表示：

$$r = \frac{V_h}{V_q}$$

压缩比越小，说明压实效果越好。

压缩倍数是指固体废物压实处理后体积压实的程度，通常用 n 表示：

$$n = \frac{V_q}{V_h}$$

压缩倍数越大，说明压实效果越好。

3.1.2.2　压实影响因素

压实的实质可看作是消耗一定的压力能，提高废物容重的过程。当固废受到外界压力时，各颗粒间相互挤压、变形或破碎，从而达到重新组合的效果。压实操作主要受到物料本身密度、硬度、湿度和空隙率的影响。适于压实处理的主要是压缩性能大而复原性小的物质。一般来说，密度小、硬度低、湿度高、空隙率大的废物容易被压缩。如纸张、纤维、废冰箱、废洗衣机等容易被压缩；而木材、金属、玻璃、塑料块等硬度较高，容易损坏压实设备，不容易被压缩，不宜进行压实处理；某些可能引起操作问题的废物，如焦油、污泥、易燃易爆品等不宜采用压实处理。

3.1.2.3　压实流程

城市垃圾压缩处理工艺流程如图 3-1-1 所示，一般可分为三步。

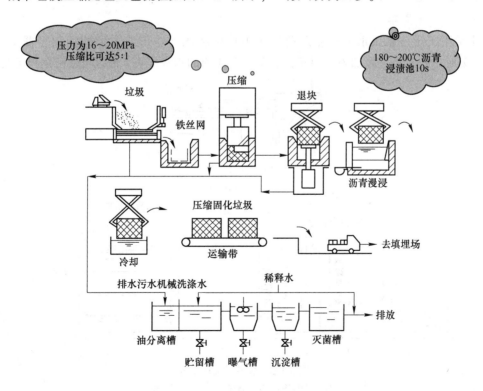

图 3-1-1　城市垃圾压缩处理工艺流程

A　压实

先在压缩容器四周垫好铁丝网，再把垃圾送入压实器，然后送入压缩机压缩。压力一般为 $160\sim200\mathrm{kgf/cm^2}$（$1\mathrm{kgf}=9.8\mathrm{N}$），压缩比可达到 5。

B　防漏

压实后，压缩块由向上推动的活塞推出压缩腔，再送入 $180\sim200\mathrm{℃}$ 沥青浸渍池 10s 涂浸沥青防漏。

C　运走

待冷却后经运输皮带装入汽车运往垃圾填埋场。另外，压缩污水经油水分离器进入活性污泥处理系统，废水经杀菌处理后排放。

3.1.3　压实设备

压实设备可以分为固定式压实器和移动式压实器两大类。固定式压实器和移动式压实器一般都由容器单元和压实单元两部分组成，容器单元接受废物，压实单元具有液压或气压操作的压头，利用高压使废物致密化。

3.1.3.1　固定式压实器

凡用人工或机械方法（液压方式为主）把废物送进压实机械中进行压实的设备称为固定式压实器。如各种家用小型压实器、废物收集车上配备的压实器及中转站配置的专用压实机。

常见的固定式压实器有水平压实器、三项联合压实器、回转式压实器等。

A　水平压实器

水平压实器是靠做水平往复运动的压头将废物压到矩形或方形的钢制容器中。如图 3-1-2 所示，先将垃圾加入装料室，启动具有压面的水平压头，使垃圾致密化和定型化，

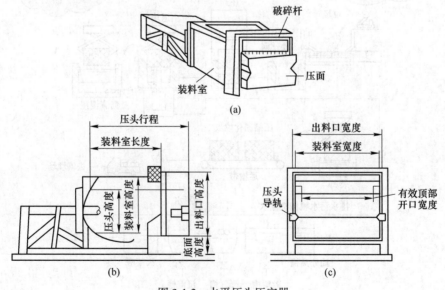

图 3-1-2　水平压头压实器

(a) 全视图；(b) 侧视图；(c) 主视图

然后将坯块推出。推出过程中，坯块表面的杂乱废物受破碎杆作用而被破碎，不致妨碍坯块移出。

水平压实器结构简单、效率高，适用于压实城市垃圾。

B　三项联合压实器

三项联合压实器具有 3 个互相垂直的压头，依次施压，压实废物。如图 3-1-3 所示，将金属等类废物被置于容器单元内，而后依次启动 1、2、3 三个压头，逐渐使固体废物的空间体积缩小，容重增大，最终达到一定的尺寸。

三项联合压实器是一种中密度压实器，一般适合于压实松散金属废物，压实后尺寸一般在 200~1000mm 之间。

C　回转式压实器

回转式压实器具有两个压头和一个旋动式压头。如图 3-1-4 所示，废物装入容器单元后，先按水平式压头 1 的方向压缩，然后按箭头的运动方向驱动旋动式压头 2，使废物致密化，最后按水平压头 3 的运动方向将废物压至一定尺寸排出。

回转式压实器压缩比较小，适于体积小质量小的废物。

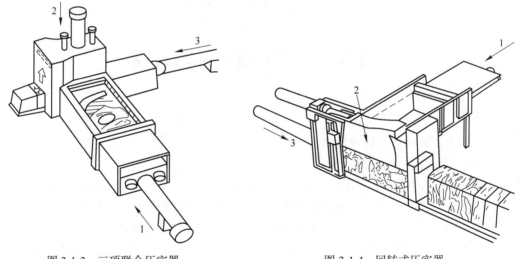

图 3-1-3　三项联合压实器　　　　　　　图 3-1-4　回转式压实器

为了最大限度减容，获得较高的压缩比，应尽可能选择适宜的压实设备。

3.1.3.2　移动式压实器

带有行驶轮或可在轨道上行驶的压实器称为移动式压实器。按压实过程工作原理不同，可分为碾（滚）压、夯实、振动三种，相应的分为三大类。固体废物压实处理主要采用碾（滚）压方式，主要用于填埋场，也安装在垃圾车上。现场常用的压实机主要包括胶轮式、履带式压土机和钢轮式布料压实机。在垃圾填埋场中常用的高履带压实机和钢轮压实机，如图 3-1-5 所示。

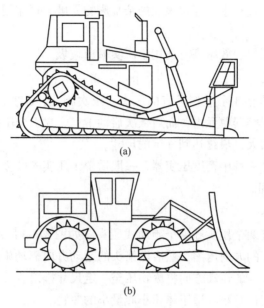

(a)

(b)

图 3-1-5　常用的移动式压实设备

（a）高履带压实机；（b）钢轮压实机

任务 3. 2　固体废物的破碎技术

学习目标

（1）掌握固体废物破碎技术；

（2）了解固体废物破碎设备。

固体废物种类繁多，结构、形状、大小各不相同，为了便于对固体废物处理和处置，往往需要进行破碎处理。固体废物的破碎是通过人力或机械等外力的作用，破坏物体内部的凝聚力和分子间作用力而使固体废物的颗粒尺寸减小，使大块的固体废物分裂为小块，小块的固体废物分裂为细粉，以便于资源化利用和进行最终处置的过程。破碎是固体废物处理技术中最常用的预处理工艺。

3. 2. 1　破碎原理

3. 2. 1. 1　破碎的目的

固体废物经破碎处理之后，消除了废物颗粒之间较大的空隙，使废物整体密度增加，废物的颗粒尺寸分布、混合更加均匀，更适合于各类后处理工序所要求的性状、尺寸等。破碎的主要目的包括以下几点：

（1）固体废物经过破碎后，粒度均匀，有助于固体废物的焚烧、堆肥和资源化利用。

（2）固体废物经过破碎后，体积减小，容重增加，便于后续运输、压缩、储存以及填埋利用。

（3）固体废物经过破碎后，粒度达到要求，有助于不同组分的单体分选与回收利用。

（4）固体废物经过破碎后，可以防止大块颗粒、锋利的固体废物破坏后续处理的机械设备。

3.2.1.2　影响破碎难易程度的因素

破碎的难易程度主要受机械强度和固体废物自身的硬度影响。

（1）机械强度。机械强度越大的固体废物，破碎越困难。固体废物的机械强度与其颗粒粒度有关，粒度小的废物颗粒，其宏观和微观裂隙比大粒度颗粒要小，因而机械强度较高，破碎较困难。

（2）硬度。常见的固体废物通常硬度较小，大多数机械强度也不高，破碎较容易。但也存在一些在常温常压下呈现出较高韧性和塑性的固体废物，难以破碎，如橡胶、塑料等，对这类固体废物需要采用特殊的破碎方法。

3.2.1.3　破碎比和破碎段

破碎比是指在破碎过程中，原废物粒度与破碎产物粒度的比值。表示废物粒度在破碎过程中减小的倍数，也表征废物被破碎的程度。

破碎比的计算方法有两种：

（1）极限破碎比。用破碎前最大粒度与破碎后最大粒度的比值来确定，即：

$$i = \frac{D_{max}}{d_{max}}$$

式中　i——破碎比；

　D_{max}——破碎前最大粒度；

　d_{max}——破碎后最大粒度。

（2）真实破碎比。用废物破碎前的平均粒度与破碎后的平均粒度的比值来确定，即：

$$i = \frac{D_{cp}}{d_{cp}}$$

式中　i——破碎比；

　D_{cp}——破碎前平均粒度；

　d_{cp}——破碎后平均粒度。

固体废物每经过一次破碎机或磨碎机称为一个破碎段。其总破碎比等于各段破碎比的乘积，即：

$$i = i_1 \times i_2 \times \cdots \times i_n$$

为减免机器的过度磨损，工业固体废物的尺寸减小往往分几步进行，一般采用三级破碎。破碎段的段数主要取决于破碎废物的原始粒度和最终粒度。破碎段越多，破碎流程就越复杂，工程投资相应增加，应在允许的情况下尽量减少破碎段数。

3.2.1.4　破碎流程

根据固体废物的性质、颗粒的大小、要求达到的破碎比和选用的破碎机的类型，每段破碎流程可以有不同的组合方式，破碎的基本工艺流程如图 3-2-1 所示。

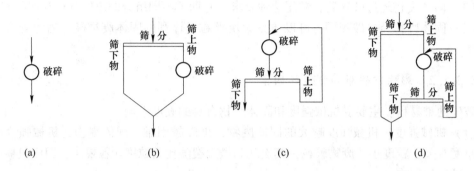

图 3-2-1　破碎的基本工艺流程图

（a）单纯破碎；（b）带预先筛分破碎；（c）带检查筛分破碎；（d）带预先筛分和检查筛分破碎

（1）单纯破碎流程。将固体废物经过简单破碎而得到破碎产物的工艺流程。

（2）带预先筛分破碎流程。固体废物先进入筛子进行筛分，筛下物粒度较小，不经过破碎即可符合粒度要求，再将筛上物进入破碎机械进行破碎，破碎后与筛下物混合成为破碎产物。

（3）带检查筛分破碎流程。固体废物经过破碎后进入筛子进行筛分，筛下物粒度符合要求，成为破碎产物，筛上物粒度大，重新返回破碎机进行破碎。

（4）带预先筛分和检查筛分破碎流程。固体废物首先进入筛分机械筛分，将筛下物作为破碎产物，筛上物进入破碎机械破碎，破碎后再筛分，将筛上物返回破碎机械重新破碎。

3.2.2　破碎方法

一般破碎方法分为干式破碎、湿式破碎和半湿式破碎三种。

3.2.2.1　干式破碎

按破碎时所用的外力不同，干式破碎分为机械能破碎和非机械能破碎两种方法。

机械能破碎是利用破碎工具（如破碎机的齿板、锤子、球磨机的钢球等）对固体废物施力而将其破碎的方法。常见的机械破碎方法有挤压、劈碎、剪切、磨剥、冲击破碎等。

一般来说，破碎机都是由两种或两种以上的破碎方法联合作用对固体废物进行破碎的。对于脆硬性固体废物，如废玻璃、废石尾矿等，宜采用劈碎、冲击破碎、挤压破碎等方法；对于有韧性的硬性废物，如废钢铁、废汽车、废器材和废塑料等，宜采用剪切、冲击破碎法，或利用其低温变脆的性质而有效的破碎；而当固体废物体积较大，需先将其切割到适当的尺寸，再送入破碎机内破碎。

常见的机械能破碎方法如图 3-2-2 所示。

非机械能破碎是利用电能、热能等对固体废物进行破碎的新方法，如低温破碎、热力破碎、减压破碎及超声波破碎等。

3.2.2.2　湿式破碎

湿式破碎是利用特制的破碎机将投入机内的含纸垃圾和大量水流一起剧烈搅拌和破碎

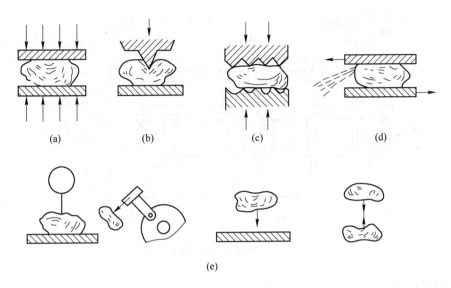

图 3-2-2　常见的机械能破碎方法
（a）压碎；（b）劈碎；（c）折断；（d）磨剥；（e）冲击破碎

成为浆液的过程，是以回收城市垃圾中的大量纸类为目的而发展起来的一种破碎方法。湿式破碎机的构造原理如图 3-2-3 所示。

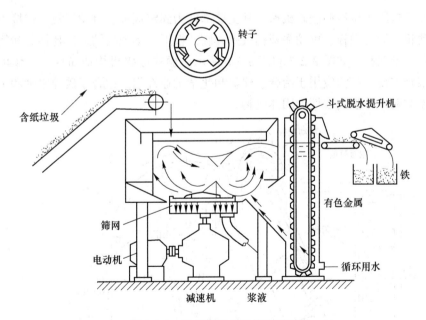

图 3-2-3　湿式破碎机的构造原理图

3.2.2.3　半湿式破碎

半湿式破碎是利用不同物质在一定均匀湿度下其强度、脆性（耐冲击性、耐压缩性、耐剪切性）不同而破碎成不同粒度。半湿式破碎机的构造原理如图 3-2-4 所示。

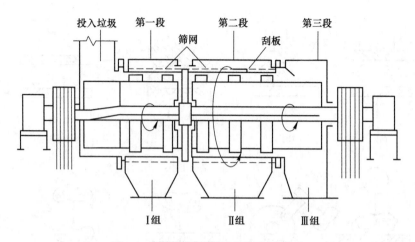

图 3-2-4   半湿式破碎机的构造原理图

3.2.3   破碎设备

固体废物的破碎设备主要是破碎机，常用的破碎机类型有辊式破碎机、颚式破碎机、剪切式破碎机、粉磨机、锤式破碎机和冲击式破碎机等。

3.2.3.1   颚式破碎机

颚式破碎机属于挤压型破碎机械。其主要部件为固定颚板、可动颚板、连接于传动轴的偏心转动轮，固定颚板、可动颚板构成破碎腔。根据可动颚板的运动特性分为简单摆动型与复杂摆动型两种。如图 3-2-5 和图 3-2-6 所示。颚式破碎机构造简单、工作可靠、制造容易、维修方便，广泛应用于冶金、建材和化学工业部门，适合于破碎坚硬和中硬，同时具有高度的韧性、强腐蚀性的固体废物。

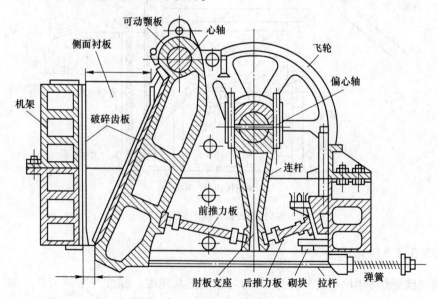

图 3-2-5   简单摆动颚式破碎机

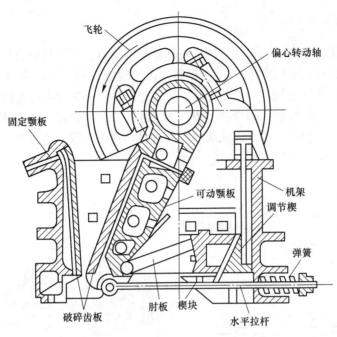

图 3-2-6 复杂摆动颚式破碎机

3.2.3.2 锤式破碎机

锤式破碎机是借助高速旋转的重锤冲击作用将固体废物打碎，再通过颗粒与破碎板之间的冲击作用、颗粒与颗粒之的摩擦作用，使固体废物被破碎。按转子数目可将破碎机分为单转子锤式破碎机和双转子锤式破破碎机，还可分为卧轴锤式破碎机和立轴锤式破碎机两种。锤式破碎机主要用于破碎拥有较大体积、硬度适中且腐蚀性弱的固体废物；还可用于破碎含有油类和水分的有机物、纤维结构物质、有较强弹性和韧性的木块、石棉水泥废料，及回收石棉纤维和金属切屑等。锤式破碎机结构如图 3-2-7 所示。

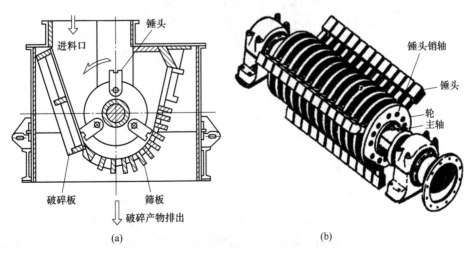

图 3-2-7 锤式破碎机结构示意图

（a）纵剖面；（b）卧轴与锤组合件

3.2.3.3　辊式破碎机

辊式破碎机主要靠剪切和挤压作用。根据辊子的特点，可将其分为光辊破碎机和齿辊破碎机，如图 3-2-8 和图 3-2-9 所示。光辊破碎机的辊子表面光滑，主要作用为挤压与研磨，可用于较大的固体废物的中碎与细碎；齿辊破碎机辊子表面有破碎齿牙，主要作用为劈裂，可用于脆性或黏性较大的废物，也可用于堆肥物料的破碎。辊式破碎机的特点是能耗低、构造简单、工作可靠、价格低廉、产品过粉碎程度小等，适用于处理脆性物料和含泥性物料，作为中碎、细碎之用。

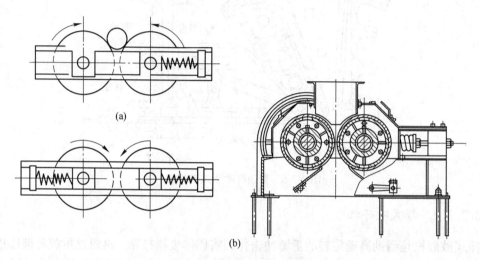

图 3-2-8　光辊破碎机工作原理
（a）单可动辊式；（b）双可动辊式

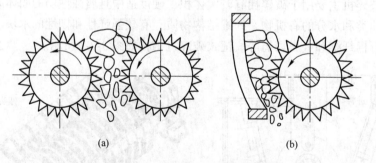

图 3-2-9　齿辊破碎机工作原理图
（a）双齿辊破碎机；（b）单齿辊破碎机

3.2.3.4　剪切式破碎机

剪切式破碎机是以剪切作用为主的破碎机，它是靠一组固定刀与一组（或两组）活动刀之间的啮合作用，将固体废物破碎成适宜的形状和尺寸。剪切式破碎机特别适合破碎松散物料。在剪切破碎机运行前，最好预先去除坚硬的大块物体，如金属块、轮胎及其他的不可破碎废物，以确保系统正常有效地运行。根据刀刃的运动方式，剪切式破碎机可分为往复式和回转式。如图 3-2-10 和图 3-2-11 所示。

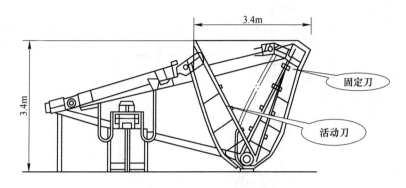

图 3-2-10　往复式剪切破碎机结构示意图

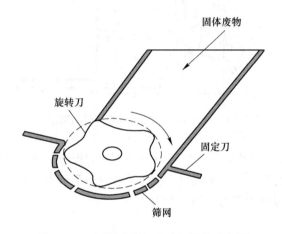

图 3-2-11　回转式剪切破碎机结构示意图

3.2.3.5　冲击式破碎机

冲击式破碎机与锤式破碎机有些相似，但是锤子数量相对较少，一般为 2~4 个不等。工作原理是，给入破碎机的物料被中心轴高速旋犁转子猛烈冲击后，受到第一次破碎；助物料从转子获得高能量，支持其飞向坚硬的冲击板，受到第二次破碎；在冲击过程中弹回的物料再次被转子击碎，难于破碎物料被转子和固定板挟持而剪断，破碎产品由下部排出。若出料尚未达到要求，则还需通过锤子与研磨板进一步细化。冲击式破碎机具有破碎比大、适应性广，可以破碎中硬、软、脆、韧性、纤维性废物，且结构简单，外形尺寸小，安装方便，易于维护等优点。冲击式破碎机主要有 Universa 型冲击式破碎机和 Hazemag 型冲击式破碎机两种类型。

Universa 型冲击式破碎机的板锤有两个，一般利用楔块或液压装置固定在转子的槽内。冲击板由一组钢条组成（10 个），用弹簧支承。冲击板下面是研磨板，后面有筛条。当要求的破碎产品粒度为 40mm 时，仅用冲击板即可，研磨板和筛条可以拆除。粒度为 20mm 时需装上研磨板。当粒度较小或破碎较轻的软物料时，冲击板、研磨板和筛条都需要装上。由于研磨板和筛条可以装上或拆下，因而对固体废物的破碎适应性较强。结构如图 3-2-12 所示。

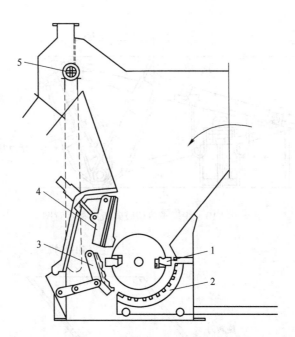

图 3-2-12　Universa 型冲击式破碎机结构示意图

1—板锤；2—筛条；3—研磨板；4—冲击板；5—链幕

Hazemag 型冲击式破碎机转子上安装有两个坚硬的板锤。机体内表面装有特殊钢板衬板，用以保护机体不受损坏。有两块反击板，形成两个破碎腔。这种破碎机主要用于破碎家具、电视机、杂物等生活废物。结构如图 3-2-13 所示。

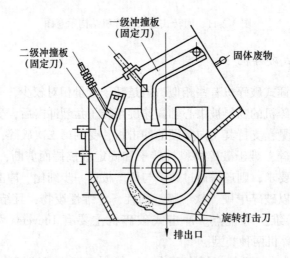

图 3-2-13　Hazemag 型冲击式破碎机结构示意图

3.2.3.6　粉磨机

对于矿业废物和许多工业废物来说，磨碎是一种非常重要的破碎方式。例如，用煤矸石制砖瓦、做矸石棉、生产水泥、生产化肥和提取化工原料等；在硫铁矿烧渣炼铁制造球团，回收有色金属、制造铁粉和化工原料、生产铸石等；电石渣生产水泥、砖瓦、回收化工原料等；钢渣生产水泥、砖瓦、化肥、溶剂等过程都需要粉磨机对固体废物的磨碎。常用的粉磨机主要有球磨机和自磨机两种。

球磨机主要由圆柱形筒体、端盖、中空轴颈、轴承和传动大齿圈等部件组成。筒体内装有直径为 25~150mm 的钢球。筒体内壁敷设有衬板。当筒体回转时，在摩擦力、离心力和突起于筒壁的衬板共同作用下，介质自由泻落和抛落，从而对筒内底脚区内的物料产生冲击、研磨和碾碎，当物料粒径达到粉磨要求后排出。结构如图 3-2-14 所示。

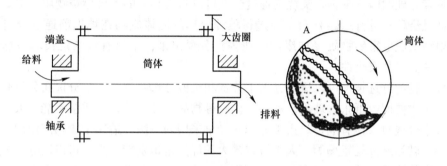

图 3-2-14　球磨机结构示意图

自磨机亦称无介质磨机，分为干磨和湿磨两种。干式自磨机的给料块度一般为 300~400mm，一次磨细到 0.1mm 以下，粉碎比可达 3000~4000，比球磨机等有介质磨机大数十倍。干式自磨机工作原理如图 3-2-15 所示。该机由给料斗、短筒体、传动部分和排料斗等组成。

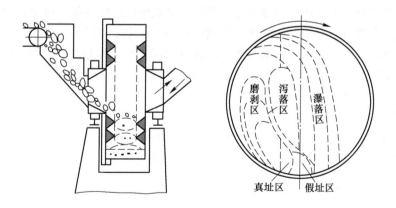

图 3-2-15　干式自磨机工作原理图

任务 3.3　固体废物的分选技术

学习目标

（1）掌握固体废物分选技术；

（2）了解固体废物分选设备。

固体废物分选，是固体废物处理的一种方法，其目的是将废物中可回收利用或不利于后续处理、处置工艺的物料分离出来。它是固体废物处理工程的一个重要环节。

由于固体废物各种成分性质不一样及其回收操作方法的多样性，在固体废物的资源化、能源化、综合利用等方面，分选是重要的操作内容之一。分选的效果则由资源化物质的价值和是否可以进入市场及其市场销路等重要因素决定。通常通过分选可达到以下几个方面的作用：（1）分选可以回收废物中有价值的物质。（2）对于要进行堆肥处理的固体废物通过分选可以除去其中的不可堆肥的物质，提高堆肥效率和堆肥的肥效。（3）对于要进行焚烧处理的固体废物在焚烧前通过分选可以除去其中的不可燃烧物质，提高燃料热值、保证燃烧顺利进行。（4）对于要进行填埋处理的固体废物在填埋前通过分选可以将可能对填埋造成危害的物质（如废旧电池等）分离出来，不但有效的延长填埋场的使用期限，更提高了其安全性。

固体废物的分选技术可以概括为人工分选和机械分选两类。人工分选在分类收集的基础上进行，主要回收纸张、玻璃、塑料、橡胶等物品，分选的物品质量不能太大，也不能含有太多水分或对人体有危害。人工分选是最早采用的方法，适用于废物产源地、收集站处理中心、转运站或处置场等。人工分选最大的优点是识别能力强，可以区分机械方法无法分开的固体物质，能够直接回收可再利用的物质。人工分选工作劳动强度大、卫生条件差，虽然已逐渐被机械分选所替代，但在某些特殊场合仍然需要采用人工分选才能够实现废物的有效分离。通常以机械分选为主，以人工分选为辅。

固体废物的分选是根据物质的粒度、密度、磁性、电性、光电性、摩擦性、弹性以及表面润湿性的不同进行分选的。常用的分选方法有筛选（筛分）、重力分选、磁力分选、电力分选、光电分选、摩擦分选、弹性分选以及浮选等。

分选效果的好坏通常用回收率表示。回收率是指单位时间内某一排料口中排出某一组分的量与进入分选机的此组分量之比。但回收率并不能完全说明分选效果，还应考虑某一组分在同一排料口排出物中所占的分数，即纯度。回收率又因分选方法的不同而有不同的含义。如对筛分来说，回收率又称为筛分效率。

3.3.1　筛分

筛分是根据固体废物尺寸大小进行分选的一种方法，在城市生活垃圾和工业固体废物的处理中广泛应用，一般可分为湿式筛分和干式筛分两种。

3.3.1.1　筛分原理

筛分是利用筛子将物料中小于筛孔的细粒物料透过筛面，而大于筛孔的粗粒物料留在筛面上，完成粗、细粒物料分离的过程。该分离过程可看作是物料分层和细粒透筛两个阶段组成的。物料分层是完成分离的条件，细粒透筛是分离的目的。

为了使粗、细物料通过筛面而分离，必须使物料和筛面之间具有适当的相对运动，使筛面上的物料层处于松散状态，即按颗粒大小分层，形成粗粒位于上层、细粒处于下层的规则排列，细粒到达筛面并透过筛孔。同时，物料和筛面的相对运动还可使堵在筛孔上的颗粒脱离筛孔，以利于细粒通过筛孔。细粒通过筛面时，尽管粒度都小于筛孔，但它们通过筛面的难易程度却不同。细粒通过筛孔的难易程度与其颗粒尺寸密切相关，粒度小于筛孔尺寸 3/4 的颗粒，很容易通过粗粒形成的间隙到达筛面并透筛，这种颗粒被称为"易筛粒"；粒度大于筛孔尺寸 3/4 的颗粒，则很难通过粗粒形成的间隙，而且粒度越接近筛孔尺寸越难透筛，这种颗粒被称为"难筛粒"。

理论上，固体废物中粒度小于筛孔尺寸的颗粒都能通过筛孔成为筛下产品，而大于筛孔尺寸的颗粒应全部留在筛面上成为筛上产品。但实际上由于筛分过程中各种因素的影响，总会有一些尺寸小于筛孔的细颗粒留在筛上随粗颗粒一起排出成为筛上产品，筛上产品中未通过筛孔的细粒越多，说明筛分效果越差。

为了评定筛分设备的筛分效果，通常用筛分效率来描述筛分过程的优劣。筛分效率是指筛分时实际得到的筛下产物重量与原料中所含粒度小于筛孔孔径的物料质量之比。即：

$$E = \frac{Q_1}{Q_0 \dfrac{a}{100}} \times 100\% \tag{3-3-1}$$

式中　E——筛分效率，%；

　　Q_1——筛下物质量，kg；

　　Q_0——入筛物料质量，kg；

　　a——原料中小于筛孔孔径的颗粒质量的质量分数，%。

但是在实际筛分过程中要测定 Q_0 和 Q_1 是比较困难的，必须转换成便于应用的计算式。

如图 3-3-1 所示，假定筛下产品中没有大于筛孔尺寸的粗粒，可以列出：固体废物入筛质量（Q_0）等于筛上产品质量（Q_2）与筛下产品质量（Q_1）之和，即：

$$Q_0 = Q_1 + Q_2 \tag{3-3-2}$$

入筛固体废物中小于筛孔尺寸的细粒质量等于筛上产品中所含小于筛孔尺寸的细粒质量与筛下产品之和，即：

$$Q_0 a = 100 Q_1 + Q_2 \theta \tag{3-3-3}$$

式中，θ——筛上产品中所含小于筛孔尺寸的细粒的质量分数，%。

将式（3-3-2）代入式（3-3-3）中，得：

$$Q_1 = \frac{(a - \theta) Q_0}{100 - \theta} \tag{3-3-4}$$

将式（3-3-4）代入式（3-3-1）中，得：

$$E = \frac{100(a - \theta)}{a(100 - \theta)} \times 100\% \tag{3-3-5}$$

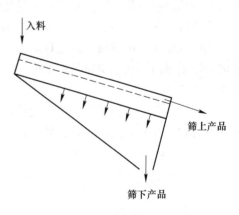

图 3-3-1　筛分效率测定

筛分效率主要受以下几个因素的影响。

A　固体废物性质的影响

固体废物的粒度尺寸对筛分效率影响较大。废物中"易筛粒"（粒度小于筛孔 3/4）含量越多，筛分效率越高，而粒度接近筛孔尺寸的"难筛粒"越多，筛分效率则越低。

固体废物的含水率和含泥量对筛分效率也有一定的影响。废物外表水分会使细粒结团或附着在粗粒上而不易透筛。废物外表的水分会使细粒结团或附着在粗粒上而不易透筛。

当筛孔较大、废物含水率较高时，反而造成颗粒活动性的提高，虽然此时水分有促进细粒透筛的作用，但是已属于湿式筛分法，即湿式筛分法的筛分效率较高。水分影响还与含泥量有关，当废物中含泥量高时，稍有水分也能引起细粒结团。另外，固体废物颗粒的形状对筛分效率也有一定的影响，一般球形、立方形、多边形颗粒相对筛分效率较高，而颗粒呈扁平状或长方块，用方形或圆形筛孔的筛子筛分时，其筛分效率较低。线状物料（如废电线、管状物质等）必须以一端朝下的"穿针引线"方式缓慢通过筛面；且物料越长，透筛越难。在圆盘筛中，这种线状物的筛分效率会高些。平面状的物料（如塑料膜、纸、纸板类等）会大片覆在筛面上，形成"盲区"而堵塞大片的筛分面积。

　　B　设备性能的影响

　　常见的筛面有棒条筛面、钢板冲孔筛面及钢丝编织筛网三种。其中棒条筛面有效面积小，筛分效率低；编织筛网则相反，有效面积大，筛分效率高；冲孔筛面介于两者之间。筛板的开孔率对正常筛分也有严重影响，根据经验，开孔率一般控制在 65%~80% 之间。

　　筛子运动方式对筛分效率有较大的影响，同一种固体废物采用不同类型的筛子进行筛分时，其筛分效率大致见表 3-3-1。

表 3-3-1　不同类型筛子的筛分效率

筛子类型	固定筛	转筒	摇动筛	振动筛
筛分效率/%	50~60	60	70~80	90 以上

　　即使是同一类型的筛子，如振动筛，它的筛分效率也受运动强度的影响而有差别。如果筛子运动强度不足，筛面上物料不易松散和分层，细粒不易透筛，筛分效率就不高；但运动强度过大又使废物很快通过筛面排出，筛分效率也不高。

　　筛面宽度主要影响筛子的处理能力，其长度影响筛分效率。负荷相等时，过窄的筛面使废物层增厚而不利于细粒接近筛面；过宽的筛面则又使废物筛分时间太短，一般宽长比为 1∶(2.5~3)。

　　筛面倾角是为了便于筛上产品的排出，倾角过小起不到此作用；倾角过大时，废物排出速度过快，筛分时间短，筛分效率低。一般筛面倾角以 15°~25° 较适宜。

　　C　筛分操作条件的影响

　　连续均匀给料，及时清理、维修筛面，筛分效率就高；反之，筛分效率就低。

3.3.1.2　筛分设备

　　常见的筛分设备有固定筛、滚筒筛、振动筛和共振筛等。

　　(1) 固定筛。筛面由许多平行排列的筛条组成，水平或倾斜安装。分为格筛和棒条筛两种。格筛由纵横排列的两组格条组成，一般安装在粗破机之前，以保证入料块度适宜。棒条筛由平行排列的棒条组成，筛孔尺寸为筛下粒度的 1.1~1.2 倍，一般不小于 50mm，棒条宽度应大于固体废物中最大块度的 2.5 倍，安装在粗破和中破之前，安装倾角应大于废物对筛面的摩擦角，一般为 30°~35°，以保证物料能够沿筛面下滑。由于固定筛构造简单、不耗用动力、设备费用低和维修方便，故在固体废物处理中被广泛应用。

（2）滚筒筛（又称转筒筛）。筛面为带孔的圆柱形筒体，或截头圆锥筒体，筛筒轴线倾斜 3°～5°安装，固体废物由高端入料，低端排筛上物，物料在筒内滞留时间为 25～30s。其结构如图 3-3-2 所示。在转动装置带动下，筛筒绕轴缓缓旋转，转速 5～6r/min 为最佳。在城市生活垃圾分选中广泛应用。

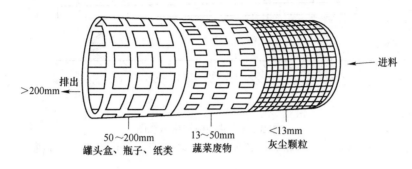

图 3-3-2　滚筒筛

（3）振动筛（又称惯性振动筛）。由不平衡物体的旋转产生的离心惯性力使筛箱产生振动的一种筛子。筛网固定在筛箱上，筛箱安装在用多根弹簧组成的机座上，振动筛主轴通过滚筒轴承支撑在箱体上，主轴两端装有偏心轮，调节重块在偏心轮上的位置，重块产生的水平分力被刚度大的板簧吸收，垂直分力强迫板簧作拉伸及压缩的强迫运动。筛面运动轨迹为椭圆或近圆。其结构如图 3-3-3 所示，振动筛适用于细粒、潮湿及黏性废物的筛分。

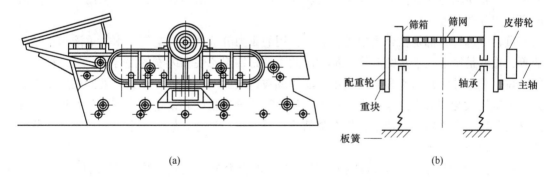

（a）　　　　　　　　　　　　　　　　（b）

图 3-3-3　振动筛构造及工作原理示意图
（a）惯性振动筛的构造；（b）惯性振动筛的工作原理

（4）共振筛。利用弹簧的曲柄连杆机构驱动，使筛子在共振状态下进行筛分。离心轮转动，连杆作往复运动，通过其端的弹簧将作用力传给筛箱；与此同时，下机体受到相反的作用力，筛箱、弹簧及下机体组成一弹簧系统，其固有自振频率与传动装置的强迫振动频率相同或相近，发生共振而筛分。其结构如图 3-3-4 所示。共振筛的工作过程是筛箱的动能和弹簧的势能相互转化的过程。所以，在每次振动中，只需要补充为克服阻力的能量，就能维持筛子的连续振动。这种筛子虽然比较大，但是功率消耗却很小。共振筛处理能力大、筛分效率高，但制造工艺复杂、机体较重。共振筛适用于废物的中细粒的筛分，还可以用于废物分选作业的脱水、脱重介质和脱泥筛分等。

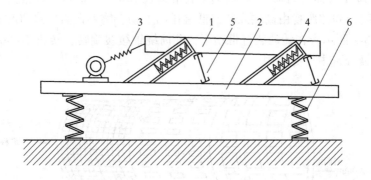

图 3-3-4　共振筛结构示意图

1—上筛箱；2—下机体；3—传动装置；4—共振弹簧；5—板簧；6—支撑弹簧

选择筛分设备时应考虑颗粒大小、形状、整体密度、含水率、黏结或缠绕的可能，筛分器的构造材料，筛孔尺寸、形状，筛孔所占筛面比例，转筒筛的转速、长度与直径，振动筛的振动频率、长与宽，筛分效率与总体效果要求，运行特征如能耗、日常维护、运行难易、可靠性、噪声、非正常振动与堵塞的可能等。

3.3.2　重力分选

重力分选简称重选，是根据固体废物中不同物质颗粒间的密度差异，在运动介质中受到重力、介质动力和机械力的作用，使颗粒群产生松散分层和迁移分离，从而得到不同密度产品的分选过程。

重力分选过程都是在介质中进行的，常用的重力分选介质有空气、水、重液和重悬浮液等，重液是密度大于水的液体，最常用的重液是四溴乙烷和丙酮的混合物，另一种是五氯乙烷。重悬浮液是由水和悬浮其中的固体颗粒组成的两相液体，重悬浮液的黏度不应太大，黏度增大会使其中的运动阻力增大，从而降低分选精度和设备生产率。降低重悬浮液的黏度可以提高物料分选速度，但会降低重悬浮液的稳定性。故工业上为保持重悬浮液的稳定，可以采用如下方法：

（1）选择密度适当，能造成稳定悬浮液的加重介质，或在黏度要求允许的条件下，把加重介质磨碎一些；

（2）加入胶体稳定剂，如水玻璃、亚硫酸盐、铝酸盐、淀粉、烷基硫酸盐、膨润土和合成聚合物等；

（3）适当的搅拌促使悬浮液更加稳定。

一个悬浮在流体介质中的颗粒，其运动速度受到自身重力、介质阻力和介质的浮力三种力的作用。分别是 F_E（重力）、F_B（介质浮力）、F_D（介质摩擦阻力），如图 3-3-5 所示。

重力：
$$F_E = \rho_s V_g g$$

式中　ρ_s——颗粒密度；

V_g——颗粒体积。

假定颗粒为球形，则：

$$V_g = \frac{\pi}{6}d^3$$

浮力： $$F_B = \rho \cdot V_g \cdot g$$

式中 ρ——介质密度。

介质摩擦阻力： $$F_D = 0.5C_D V^2 \rho A$$

式中 C_D——阻力系数；

V——颗粒相对介质速度；

A——颗粒投影面积（在运动方向上）。

图 3-3-5 颗粒受力示意图

当 F_E、F_B、F_D 三个力达到平衡时，且加速度为零时的速度为末速度，此时有：

$$F_E = F_B + F_D$$

$$\rho_s \cdot V_g \cdot g = \rho \cdot V_g \cdot g + \frac{C_D \cdot V^2 \cdot \rho \cdot A}{2}$$

$$\frac{\pi}{6}d^3(\rho_s - \rho)g = \frac{\pi d^2}{4}\frac{C_D V^2 \rho}{2}$$

即： $$V = \sqrt{\frac{4(\rho_s - \rho)gd}{3C_D\rho}}$$

C_D 与颗粒的尺寸及运动状况有关，通常用雷诺数 Re 来表述。

$$Re = \frac{Vd\rho}{u} = \frac{Vd}{\gamma}$$

式中 u——流体介质的黏度系数；

γ——流体介质的动黏度系数。

如果假定流体运动为层流，$C_D = 24/Re$，可以进一步得出人们所熟知的斯托克斯公式：

$$V = \frac{d^2 g(\rho_s - \rho)}{18u}$$

从上式可以看出，影响重力分选的因素有颗粒的尺度、颗粒与介质的密度差以及介质的黏度。

按介质不同，固体废物的重力分选可分为重介质分选、跳汰分选、风力分选和摇床分选等。

各种重力分选过程原理虽然不同，但具有的共同工艺条件：（1）固体废物中颗粒间必须存在密度的差异；（2）分选过程都是在运动介质中进行的；（3）在重力、介质动力及机械力的综合作用下，使颗粒群松散并按密度分层；（4）分好层的物料在运动介质流的推动下互相迁移，彼此分离，并获得不同密度的最终产品。

3.3.2.1 重介质分选

通常将密度大于水的介质称为重介质。在重介质中使固体废物中的颗粒群按密度分开的方法称为重介质分选。为使分选过程有效地进行，需选择重介质密度（ρ_C）介于固体废物中轻物料密度（ρ_L）和重物料密度（ρ_W）之间，即 $\rho_L < \rho_C < \rho_W$。

　　凡是颗粒密度大于重介质密度的重物料都下沉，集中于分选设备底部成为重产物；颗粒密度小于重介质密度的轻物料都上浮，集中于分选设备的上部成为轻产物，分别排出，从而达到分选的目的。可见，在重介质分选过程中，重介质的性质是影响分选效果的重要因素。

　　重介质分选对重介质性能有一定的要求。重介质是由高密度的固体微粒和水构成的固液两相分散体系，它是密度高于水的非均匀介质。高密度固体微粒起着加大介质密度的作用，故称为加重质。最常用的加重质有硅铁、磁铁矿等。一般要求加重质的粒度为小于200 目，占 60%~90%，能够均匀分散于水中，容积浓度一般为 10%~15%。

　　重介质应具有密度高、黏度低、化学稳定性好（不与处理的废物发生化学反应）、无毒、无腐蚀性、易回收再生等特性。

　　重介质分选目前常用的设备是鼓形重介质分选机，其结构如图 3-3-6 所示。设备外形是一圆筒转鼓，由 4 个辊轮支撑，通过圆筒腰间的大齿轮由传动装置带动旋转。在圆筒的内壁沿纵向设有扬板，用以提升重产物到溜槽内。圆筒水平安装，固体废物和重介质一起由圆筒一端送入，在向另一端流动过程中，密度大于重介质的颗粒沉于槽底，由扬板提升落入溜槽内，被排出槽外成为重产物；密度小于重介质的颗粒随重介质流入圆筒溢流口排出而成为轻产物。鼓形重介质分选机适用于分离粒度较粗的固体废物，具有结构简单、设备紧凑、便于操作、动力消耗低、分选机内密度分布均匀等特点；其缺点是轻重产物量调节不方便。

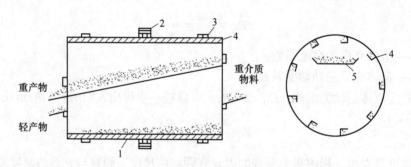

图 3-3-6　鼓形重介质分选机结构和原理示意图
1—圆筒形转鼓；2—大齿轮；3—辊轮；4—扬板；5—溜槽

3.3.2.2　跳汰分选

　　跳汰分选是在垂直变速介质流中按密度分选固体废物的一种方法。将物料给入筛板上，形成密集的物料层，从筛板下周期性给入垂直变速的水流，透过筛板使床层松散并按密度分层，密度大的颗粒群集中到底层，透过筛板或特殊排料装置排出成重产品，密度小的颗粒群进入上层被水平水流带到机外成为轻产品。跳汰介质可以是水或者是空气。目前用于固体废物分选的介质多是水。颗粒在跳汰时的分层过程如图 3-3-7 所示。

　　跳汰分选设备按推动水流运动方式，分为隔膜跳汰机和无活塞跳汰机两种。隔膜跳汰机是利用偏心连杆机构带动橡胶隔膜做往复运动，借以推动水流在跳汰室内做脉冲运动；无活塞跳汰机采用压缩空气推动水流。跳汰分选是古老的选矿技术，国外主要用于混合金

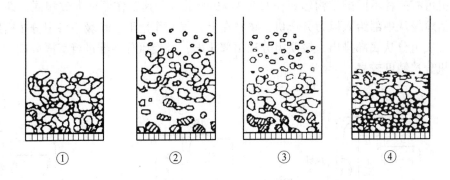

图 3-3-7 颗粒在跳汰时的分层过程

属的分离。

3.3.2.3 风力分选

风力分选是以空气为分选介质，在气流作用下使固体废物颗粒按密度和粒度进行分选的方法，简称风选，又称气流分选。风力分选方法工艺简单，作为一种传统的分选方式，在国外主要用于生活垃圾的分选，将生活垃圾中以可燃性物料为主的轻组分和以无机物为主的重组分分离，以便分别回收利用或处置。

风力分选设备按照工作气流的主流向可以分为水平气流风选机和上升气流风选机。

水平气流风选机，又称为卧式风力分选机。水平气流风选机的构造和工作原理如图 3-3-8 所示。水平气流分选机从侧面送风，固体废物经破碎机破碎和圆筒筛筛分使其粒度均匀后，定量给入机内，当废物在机内下落时，被鼓风机鼓入的水平气流吹散，固体废物中各种组分沿着不同的运动轨迹分别落入重质组分、中重质组分和轻质组分收集槽中。水平气流分选机的经验最佳风速为 20m/s。水平气流分选机构造简单、维修方便，但分选精度不高，一般很少单独使用，常与破碎、筛分、立式风力分选机组成联合处理工艺。

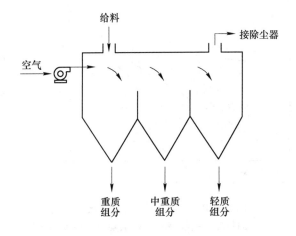

图 3-3-8 水平气流风选机的构造和工作原理图

上升气流风选机，又称立式风力分选机。根据风机与旋流器安装的位置不同，立式风力分选机可有三种不同的结构形式，如图 3-3-9 所示。但其工作原理大致相同，即经破碎后的生活垃圾从中部给入风力分选机，物料在上升气流作用下，垃圾中各组分按密度产生分离，重质组分从底部排出，轻质组分从顶部排出，经旋风分离器进行气固分离。立式风力分选机分选精度较高。

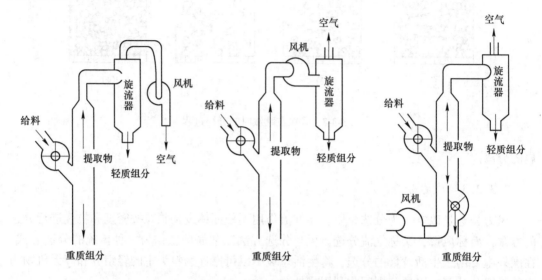

图 3-3-9　立式风力分选机的构造和工作原理图

3.3.2.4　摇床分选

摇床分选是在一个倾斜的床面上，借助床面的不对称往复运动和薄层斜面水流的综合作用，使细粒固体废物按密度差异在床面上呈扇形分布而进行分选的一种方法。摇床分选是细粒固体物料分选应用最为广泛的方法之一。颗粒在摇床上的分带情况如图 3-3-10所示。

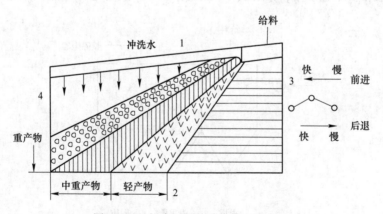

图 3-3-10　摇床上颗粒分带情况示意图

1—给料端；2—轻产物端；3—传动端；4—重产物端

摇床分选过程是给水槽给入冲洗水，布满横向倾斜的床面，并形成均匀的斜面薄层水流。当固体废物颗粒给入往复摇动的床面时，颗粒群在重力、水流冲力、床层摇动产生的惯性力和摩擦力等综合作用下，按密度差产生松散分层。不同密度的颗粒以不同的速度在摇床床面上有两个方向的运动：一个是在冲洗水水流作用下沿床面倾斜方向的运动；另一个是在往复不对称运动作用下由传动端向重产物排出端的运动，颗粒的最终运动速度为上述两个方向的运动速度的向量和。不同密度的颗粒最终在床面上呈扇形分布，从而达到分选的目的。

摇床分选按密度不同分选颗粒，但粒度和形状也影响分选的精确性。床面上的沟槽对摇床分选起重要作用。颗粒在沟槽内成多层分布，不仅使摇床的生产率提高，同时使呈多层分布的颗粒在摇动下产生离析，密度大而粒度小的颗粒钻过密度小而粒度大的颗粒间的空隙，沉入最底层。离析分层是摇床分选的重要特点。另外水流在沟槽中形成涡流，对于冲洗出大密度颗粒层内的粒度小且密度小的颗粒是有利的。不同密度和不同粒度的颗粒在摇床上分选时，其分离的情况并不取决于颗粒在床面上的运动速度的大小而是取决于颗粒运动速度与摇床方向所成的夹角（偏离角）β，且 $\tan\beta$ 等于颗粒运动速度在流水方向和摇动方向上两个分速度之比。不同颗粒在床面上的偏离角 β 相差越大，则颗粒分离越完全。

摇床分选可用于分选细粒和微粒物料。在固体废物处理中，目前主要用于从含硫铁矿较多的煤矸石中回收硫铁矿，从硫铁矿烧渣中回收赤铁矿，从经破碎后的废电路板中回收金属，这是一种分选精度很高的单元操作。

在摇床分选设备中，最常用的是平面摇床。其结构如图 3-3-11 所示。平面摇床主要由床面、机架和传动机构组成。摇床床面近似呈梯形，横向有 1.5°～5° 的倾斜。在倾斜床面的上方设置有给料槽和给水槽。床面上铺有耐磨层（如橡胶等）。沿纵向布置有床条，床条高度从传动端向对侧逐渐降低，并沿一条斜线逐渐趋向于零。整个床面由机架支承。床面横向坡度借机架上的调坡装置调节。床面由传动装置带动进行往复不对称运动。

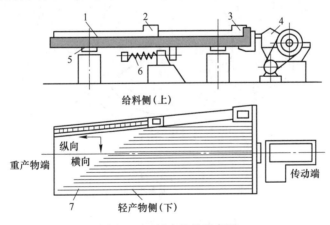

图 3-3-11   摇床结构示意图

1—床面；2—给水槽；3—给料槽；4—床头；5—滑动支撑；6—弹簧；7—床条

床面上的床条不仅能形成沟槽，增强水流的脉动，增加床层松散，有利于颗粒分层和析离，而且所引起的涡流能清洗出混杂在大密度颗粒层内的小密度颗粒，改善分选效果。床条高度由传动端向重产物端逐渐降低，使分好层的颗粒依次受到冲洗。总之，在床条间的颗粒的分层主要是由于沉降分层和析离分层的联合结果。因此，分层后位于最上端的轻而粗的颗粒由于最先脱离床条阻挡而最早流出床面，然后是细而轻与粗而重的颗粒，最后是细而重的颗粒从床尾排出。

3.3.3 磁力分选

磁力分选简称磁选，通常在固体废物的处理和利用中用来分选或去除铁磁性物质。磁力分选有两种类型：一种是传统意义上的磁选，包括电磁和永磁，主要应用于固体废物中磁性杂质的提纯、净化以及磁性物料的精选；另一种是近 20 年发展起来的一种新的分选方法，即磁流体分选，主要应用于城市垃圾焚烧厂烧灰以及堆肥厂产品中的铝、铁、铜、锌等金属的提取与回收。

3.3.3.1 磁选

磁选是利用固体废物中各种物质的磁性差异在不均匀磁场中进行分选的一种方法，根据固体废物磁性强弱可分为强磁性、中磁性、弱磁性和非磁性组分。这些磁性不同的组分通过磁场时，磁性较强的颗粒（通常为黑色金属）被吸附到产生磁场的磁选设备上，而磁性弱和非磁性的颗粒被输送设备带走或受自身重力或离心力的作用而掉落到预定的区域内，完成磁选过程。

磁选过程如图 3-3-12 所示，将固体废物输入磁选机，其中的磁性颗粒在不均匀磁场作用下被磁化，从而受磁场吸引力的作用，使磁性颗粒吸在圆筒上，并随圆筒进入排料端排出，成为磁性产品；非磁性颗粒由于不受磁力作用或所受的磁场作用力很小，仍留在废物中，在机械合力作用下，由磁选机底部排料管排出，成为非磁性产品。

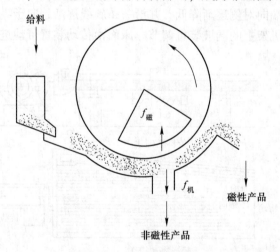

图 3-3-12 磁选过程示意图

磁选应用历史悠久，在许多工业部门，特别是矿业部门得到了广泛的应用。现在，磁选设备发展较为完善。在磁选设备中使用的磁铁有两类：电磁——用通电方式磁化或极化铁磁材料；永磁——用永磁材料形成磁区，其中永磁较为常用。固体废物进入分选设备之前，应对其进行人工分拣，去除大块的铁磁性物质；固体废物在破碎前进行分选，主要是去除大块的磁性较强的物质，亦称一级粗磁选，主要采用悬挂带式永磁磁选机；从破碎的垃圾中进一步去除铁磁性物质，称二级磁选，主要采用滚筒式磁选机。

根据磁场中磁铁的布置方式可将常见的磁选设备分为磁力滚筒、永磁圆筒式磁选机和悬吊磁铁器等几种形式。

A　磁力滚筒

磁力滚筒又称磁滑轮，有永磁和电磁两种，应用较多的是永磁滚筒，如图 3-3-13 所示。这种设备的主要组成部分是一个回转的多极磁系和套在磁系外面的用不锈钢或铜、铝等非导磁材料制的圆筒。一般磁系包角为 360°。磁系与圆筒固定在同一个轴上，安装在皮带运输机头部（代替传动滚筒）。

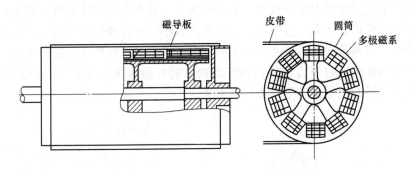

图 3-3-13　CT 型永磁磁力滚筒

通常将固体废物破碎成一定粒度后均匀地输送到皮带运输机上，当废物经过磁力滚筒时，非磁性或磁性很弱的物质在离心力和重力作用下脱离皮带面，而磁性较强的物质受磁力作用被吸在皮带上，并由皮带带到磁力滚筒的下部，当皮带离开磁力滚筒伸直时，由于磁场强度减弱而落入磁性物质收集槽中。

这种设备主要用于工业固体废物或城市垃圾的破碎设备或焚烧炉前，除去废物中的铁器，防止损坏破碎设备或焚烧炉。

B　湿式 CTN 型永磁圆筒式磁选机

湿式 CTN 型永磁圆筒式磁选机的构造形式为逆流型，如图 3-3-14 所示。给料方向和圆筒旋转方向或磁性物质的移动方向相反。物料由给料箱直接进入圆筒的磁系下方，非磁性物质由磁系左边下方的底板上排料口排出，磁性物质随圆筒逆着给料方向移到磁性物质排料端，排入磁性物质收集槽中。

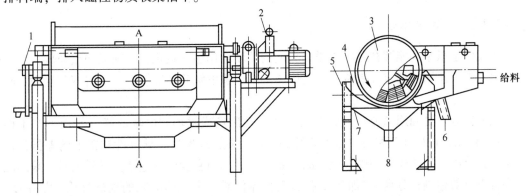

图 3-3-14　CTN 型永磁圆筒式磁选机

1—磁偏角调整部分；2—传动部分；3—圆筒；4—槽体；5—机架；6—磁性物质；7—溢流堰；8—非磁性物质

这种设备适用于粒度小于等于0.6mm的强磁性颗粒的回收及从钢铁冶炼排出的含铁尘泥和氧化铁皮中回收铁,以及回收重介质分选产品中的加重质。

C 悬吊磁铁器

悬吊磁铁器主要用来去除固体废物中的铁器,保护破碎设备及其他设备免受损坏。悬吊磁铁器有一般式除铁器和带式除铁器两种。如图3-3-15所示。当铁物数量少时采用一般式,当铁物数量多时采用带式。一般式除铁器是通过切断电磁铁的电流排除铁物,而带式除铁器则是通过胶带装置排除铁物。通常情况下,其被垂直交叉布置在输送物料的皮带机上方,与输送皮带之间有一段距离,实际距离大小依被分选磁性物质的大小和磁性强弱而定。工作时,物料跟随输送带经过悬吊分选机下方,非磁性物质不受影响继续前行,磁性物质则被吸附在磁选机下方,然后被吸附的铁磁性物质被分选机上的输送皮带带到上部,当铁磁性物质脱离磁场落下时被收集起来。

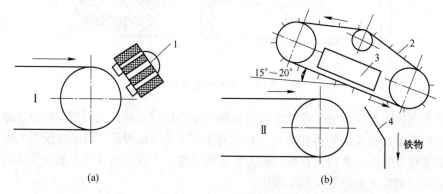

图3-3-15 悬吊磁铁器
(a) 一般式除铁器;(b) 带式除铁器
1—电磁铁;2—胶带装置;3—吸铁箱;4—接铁器

选择磁选装置时应考虑如下因素:(1)供料传输带和产品传输带的位置;(2)供料传输带的宽度、尺寸以及能否在整个传输带的宽度上有足够的磁场强度而有效地进行磁选;(3)与磁性材料混杂在一起的非磁性材料的数量与形状;(4)操作要求,如电耗、空间要求、结构支撑要求、磁场强度及设备维护等。

3.3.3.2 磁流体分选

磁流体是指某种能够在磁场或磁场与电场的联合作用下磁化,呈现似加重现象,对颗粒产生磁浮力作用的稳定分散液。磁流体通常采用强电解质溶液、顺磁性溶液和铁磁性胶体悬浮液。

磁流体分选是利用磁流体作为分选介质,在磁场或磁场和电场的联合作用下产生似"加重"作用,按固体废物各组分的磁性和密度的差异或磁性、导电性和密度的差异,使不同组分分离。当固体废物中各组分间的磁性差异小而密度或导电性差异较大时,采用磁流体可以有效地进行分离。"加重"后的磁流体仍然具有液体原来的物理性质,如密度、流动性、黏滞性等。"加重"后的密度称为视在密度,它可以通过改变外磁场强度、磁场梯度或电场强度来调节。视在密度高于流体密度(真密度)数倍。流体真密度一般为

1400～1600kg/m³ 左右，而加重后的流体视在密度可高达 19000kg/m³。因此，磁流体分选可以分离密度范围宽的固体废物。

磁流体分选根据分离原理与介质的不同，可分为磁流体动力分选和磁流体静力分选。

磁流体动力分选是在磁场（包括均匀磁场和非均匀磁场）与电场的联合作用下，以强电解质溶液作为分选介质，按固体废物中各组分间密度、比磁化率和电导率的差异使不同组分分离。磁流体动力分选的研究历史较长，技术也较成熟，分选介质为导电的电解质溶液，具有来源广、价格便宜、黏度较低、分选设备简单、处理能力较强等优点。处理粒度为 0.5～6mm 的固体废物时，可达 50t/h，最大可达 100～600t/h。其缺点是分选介质的视在密度较小、分离精度较低。

磁流体静力分选是在非均匀磁场中，以顺磁性液体和铁磁性胶体悬浮液作为分选介质，按固体废物中各组分间密度和比磁化率的差异进行分离。由于不加电场，不存在电场和磁场联合作用产生的特性涡流，故称为静力分选。其优点是视在密度高、介质黏度较小、分离精度高；其缺点是分选设备较复杂、介质价格较高、回收困难、处理能力较小。

当要求分选精度高时，采用静力分选；当固体废物中各组分间电导率差异大时，采用动力分选。

磁流体分选是一种重力分选和磁力分选联合作用的分选过程，各种物质在"加重"介质中按密度差异分离，这与重力分选相似；在磁场中按各种物质间磁性（或电性）差异分离，这又与磁选相似。因此，该方法不仅可以将磁性与非磁性物质分离，也可以将非磁性物质之间按密度差异分离。所以，磁流体分选在固体废物的处理和利用中占特殊的地位。磁流体分选目前已获得广泛的应用，不仅可以分离各种工业固体废物，而且还可从城市垃圾灰中分离出 Al、Cu、Zn、Pb 等金属。

理想的磁流体分选介质应具有磁化率高、密度大、黏度低、稳定性好、无毒、无刺激味、无色透明、价廉易得等特殊条件。常见的分选介质包括顺磁性盐溶液和铁磁性悬浮液两类物质。

顺磁性盐溶液有 30 余种，Mn、Fe、Ni、Co 盐的水溶液均可作为分选介质。常用的有 $MnCl_2 \cdot 4H_2O$、$MnBr_2$、$MnSO_4$、$Mn(NO_3)_2$、$FeCl_2$、$FeSO_4$、$Fe(NO_3)_2 \cdot 2H_2O$、$NiCl_2$、$NiBr_2$、$NiSO_4$、$CoCl_2$、$CoBr_2$、$CoSO_4$ 等。

铁磁性悬浮液一般采用超细粒磁铁矿胶粒作为分散质，用油酸、煤油等非极性液体介质并添加表面活性剂作为分散剂调成的铁磁性悬浮液。一般每升该悬浮液中含 $10^7 \sim 10^{18}$ 个磁铁矿粒子。其真密度为 1050～2000kg/m³，在外磁场及电场作用下，可使介质加重到 20000kg/m³。这种磁流体介质黏度高、稳定性差、介质回收再生困难。

磁流体分选一般采用分选槽进行分选，使用的分选介质是油基或水基磁流体，可用于汽车的废金属碎块的回收、低温破碎物料的分离和从垃圾中回收金属碎块等。

3.3.4　电力分选

电力分选简称电选，是利用城市生活垃圾中各种组分在高压电场中电性的差异而实现分选的一种方法。一般物质大致可分为电的良导体、半导体和非导体，它们在高压电场中有着不同的运动轨迹，加上机械力的共同作用，即可将它们互相分开。电场分选对于塑料、橡胶、纤维、废纸、合成皮革、树脂等与某些物料的分离以及各种导体、半导体和绝缘体的分离等都十分简便有效。

电力分选过程是在电选设备中进行的，固体废物在电晕–静电复合电场电选设备中的分离过程如图 3-3-16 所示。

固体废物由给料斗均匀地给入辊筒上，随着辊筒的旋转，固体废物颗粒进入电晕电场区，由于空间带有电荷，使导体和非导体颗粒都获得负电荷（与电晕电极电性相同），导体颗粒一面荷电，一面又把电荷传给辊筒（接地电极），其放电速度快，因此，当固体废物颗粒随辊筒旋转离开电晕电场区而进入静电场区时，导体颗粒的剩余电荷少，而非导体颗粒则因放电速度慢，致使剩余电荷多。

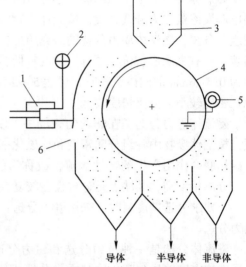

图 3-3-16　电力分选分离过程示意图
1—高压绝缘子；2—偏向电极；3—给料斗；
4—辊筒电极；5—毛刷；6—电晕电极

导体颗粒进入静电场后不再继续获得负电荷，但仍继续放电，直至放完全部负电荷，并从辊筒上得到正电荷而被辊筒排斥，在电力、离心力和重力分力的综合作用下，其运动轨迹偏离辊筒，并在辊筒前方落下。偏向电极的静电引力作用可增大导体颗粒的偏离程度。非导体颗粒由于有较多的剩余负电荷，将与辊筒相吸，被吸附在辊筒上，带到辊筒后方，被毛刷强制刷下。半导体颗粒的运动轨迹介于导体与非导体颗粒之间，成为半导体产品落下，从而完成电力分选分离过程。

电力分选设备可分为静电分选机、高压电分选机和涡电流分选机等几种形式。

静电分选技术是一种利用各种物质的导电率、热电效应及带电作用的差异进行物料分选的方法，可用于各种塑料、橡胶和纤维纸、合成皮革、胶卷、玻璃和金属的分类。图3-3-17 所示为辊筒式静电分选机的构造和原理示意图。将含有铝和玻璃的废物，通过振动给料器均匀地给到带电辊筒上，铝为良导体从辊筒电极获得相同符号的大量电荷，因而被辊筒电极排斥落入铝收集槽内。玻璃为非导体，与带电辊筒接触被极化，在靠近辊筒一端产生相反的束缚电荷，被辊筒吸住，随辊筒带至后面被毛刷强制刷落进入玻璃收集槽，从而实现铝与玻璃的分离。

YD-4 型高压电选机的构造如图 3-3-18 所示。该机的特点是具有较宽的电晕电场区、特殊的下料装置和防积灰漏电措施。整机密封性能好，采用双筒并列式，结构合理、紧凑，处理能力大，效率高，可作为粉煤灰分选炭灰的专用设备。将粉煤灰均匀给到旋转接地辊筒上，带入电晕电场后，炭粒由于导电性良好，很快失去电荷，进入静电场后从辊筒电极获得相同符号的电荷而被排斥，在离心力、重力及静电斥力综合作用下落入集炭槽成为精煤；而灰粒由于导电性较差，能保持电荷，与带相反符号电荷的辊筒相吸，并牢固地吸附在辊筒上，最后被毛刷强制落入集灰槽，从而实现炭灰分离。

涡电流分离技术是一种从固体废物中回收有色金属的有效方法，具有广阔的应用前景。当含有非磁导体金属（如铅、铜、锌等）的垃圾流以一定的速度通过一个交变磁场时，这些非磁导体金属中会产生感应涡流。由于垃圾流与磁场有一个相对运动速度，从而对产生涡

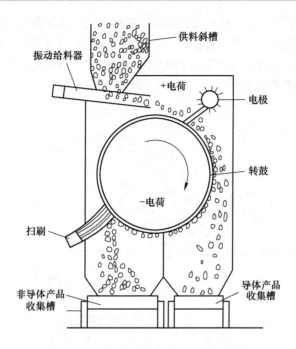

图 3-3-17　辊筒式静电分选过程示意图

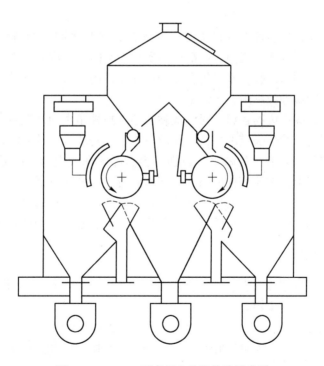

图 3-3-18　YD-4 型高压电选机构造示意图

流的金属片、块有一个推力。作用于金属上的推力取决于金属片、块的尺寸、形状和不规则程度。分离推力的方向与磁场方向及垃圾流的方向均呈 90°。利用此原理可使一些有色金属从混合垃圾流中分离出来。按此原理设计的电动式涡流分离器如图 3-3-19 所示。在直线感应器中由三相交流电在其绕组中产生交变直线移动磁场，此磁场的方向与输送机皮带的运动方向垂直。当皮带上物料从感应器下通过时，物料中的有色金属将产生涡电流，从而产生向带侧运动的排斥力。此分离装置由上下两个直线感应器组成，能保证产生足够大的电磁力将物料中的有色金属推入带侧的集料斗中，此分选过程带速不宜过高。

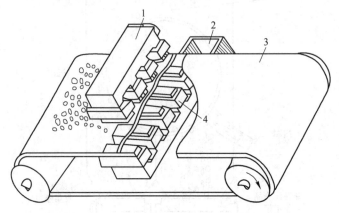

图 3-3-19　电动式涡流分离器
1—直线感应器；2—集料斗；3—皮带；4—直线感应器

3.3.5　浮选

浮选是依据不同物料表面性质的差异，在固体废物与水调制的料浆中，加入浮选药剂，并通入空气形成无数细小气泡，使欲选物质颗粒黏附在气泡上，随气泡上浮于料浆表面成为泡沫层，然后刮出回收，不浮的颗粒仍留在料浆内，通过适当处理后废弃。浮选的关键是要使浮选的物质颗粒黏附在气泡上。

在浮选过程中，固体废物各组分对气泡黏附的选择性是由固体颗粒、水、气泡组成的三相界面间的物理化学特性决定的。其中比较重要的是物质表面的润湿性。

固体废物中有些物质表面的疏水性较强，容易黏附在气泡上；而另一些物质表面亲水，不易黏附在气泡上。物质表面的亲水、疏水性能，可以通过浮选药剂的作用而加强。因此，在浮选工艺中正确选择、使用浮选药剂是调整物质可浮性的主要外因条件。

根据药剂在浮选过程中的作用不同，可分为捕收剂、起泡剂和调整剂三大类。

3.3.5.1　捕收剂

捕收剂能够选择性地吸附在欲选的物质颗粒表面上，使其疏水性增强，提高可浮性，并牢固地黏附在气泡上而上浮。

良好的捕收剂应具备：（1）捕收作用强，具有足够的活性；（2）有较高的选择性，最好只对某一种物质颗粒具有捕收作用；（3）易溶于水、无毒、无臭、成分稳定、不易变质；（4）价廉易得。

常用的捕收剂有异极性捕收剂和非极性油类捕收剂两类。

异极性捕收剂的分子结构包含两个基团：极性基和非极性基。极性基活泼能够与物质颗粒表面发生作用，使捕收剂吸附在物质颗粒表面，非极性基起疏水作用。典型的异极性捕收剂有黄药、油酸等。从煤矸石中回收黄铁矿时，常用黄药作捕收剂。

非极性油类捕收剂主要成分是脂肪烷烃和环烷烃,最常用的是煤油,烃类油的整个分子是非极性的,难溶于水,具有很强的疏水性。在料浆中由于强烈搅拌作用而被乳化成微细的油滴,与物质颗粒碰撞接触时,便黏附于疏水性颗粒表面上,并且在其表面上扩展形成油膜,从而大大增加颗粒表面的疏水性,使其可浮性提高。从粉煤灰中回收炭,常用煤油作捕收剂。

3.3.5.2　起泡剂

起泡剂是一种表面活性物质,主要作用在水-气界面上,使其界面张力降低,促使空气在料浆中弥散,形成小气泡,防止气泡兼并,增大分选界面,提高气泡与颗粒的黏附和上浮过程中的稳定性,以保证气泡上浮形成泡沫层。

浮选用的起泡剂应具备:(1)用量少,能形成量多、分布均匀、大小适宜、韧性适当和黏度不大的气泡;(2)有良好的流动性,适当的水溶性,无毒、无腐蚀性,便于使用;(3)无捕收作用,对料浆的 pH 变化和料浆中的各种物质颗粒有较好的适应性。常用的起泡剂有松油、松醇油、脂肪醇等。

3.3.5.3　调整剂

调整剂的作用主要是调整其他药剂(主要是捕收剂)与物质颗粒表面之间的作用,还可调整料浆的性质,提高浮选过程的选择性。调整剂的种类较多,按其作用可分为以下四种。

A　活化剂

凡能促进捕收剂与欲选物质颗粒的作用,从而提高欲选物质颗粒可浮性的药剂称为活化剂,其作用称为活化作用。常用的活化剂多为无机盐,如硫化钠、硫酸铜等。

B　抑制剂

抑制剂与活化剂作用相反,其作用是削弱非选物质颗粒与捕收剂之间的作用,抑制其可浮性,增大其与欲选物质颗粒之间的可浮性差异,提高分选过程的选择性,起这种抑制作用的药剂称为抑制剂。常用的抑制剂有各种无机盐(如水玻璃)和有机物(如单宁、淀粉等)。

C　介质的调整剂

调整剂的主要作用是调整浆料的性质,使料浆对某些物质颗粒的浮选有利,而对另一些物质颗粒的浮选不利。例如,用它调整料浆的离子组成,改变料浆的 pH,调整可溶性盐的浓度等。常用的介质调整剂是酸类和碱类。

D　分散与混凝剂

调整料中细泥的分散、团聚与絮凝,以减小细泥对浮选的不利影响,改善和提高浮选效果。常用的分散剂有无机盐类(如苏打、水玻璃等)和高分子化合物(如各类聚磷酸盐);常用的混凝剂有石灰、明矾、聚丙烯酰胺等。

3.3.5.4　浮选设备与工艺

目前,国内外浮选设备类型很多,我国应用最多的是机械搅拌式浮选机,主要有叶轮

式机械搅拌浮选机和棒型机械搅拌浮选机两
种。此外，还有加压溶气浮选和曝气浮选。
棒型机械搅拌浮选机如图 3-3-20 所示，由一
排金属制的长方形浮选槽组成，每个浮选槽
均由槽体、轴承、斜棒叶轮、稳流器以及刮
板、凸台和传动装置组成。利用棒轮回转时
所产生的负压，经中空轴吸入空气，并弥散
形成气泡。在棒轮强烈搅拌和抛射作用下，
使空气泡和料浆充分混合。经捕收剂作用的
有用颗粒选择性地依附于气泡上，上浮至料
浆面，由刮板刮入产品槽内，从而完成分选
过程。

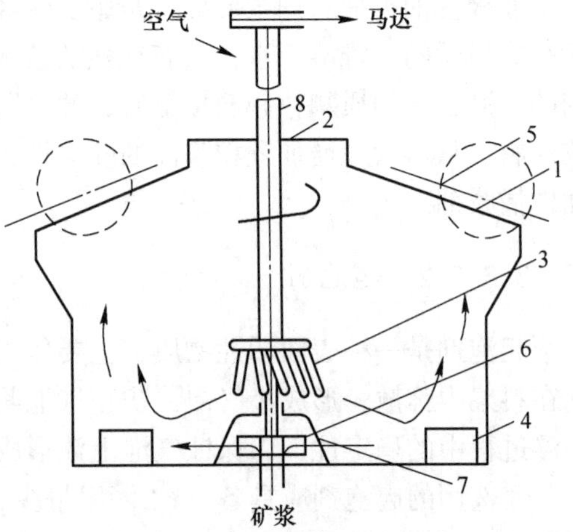

图 3-3-20　棒型机械搅拌浮选机
1—槽体；2—轴承体；3—棒轮；4—稳流器；5—刮板；
6—提浆叶轮；7—凸台；8—中空轴

浮选工艺包括：

（1）浮选前料浆的调制。首先将废物经
适当破碎、磨碎，得到粒度适宜，基本上解离成单体的颗粒，并尽量避免泥化；然后配制
料浆，进入浮选机的料浆浓度必须调至适合浮选工艺的要求，否则将影响产品的纯度和回
收率。

（2）加药调整。添加药剂的种类与数量应根据欲选物质颗粒性质，通过实验确定。
一般在浮选前添加药剂总量的 60%~70%，其余的则分几批在适当的工艺过程中添加。

（3）充气浮选。将调制好的料浆引入浮选机内，由于浮选机的充分搅拌作用，形成
大量的弥散气泡，提供了颗粒与气泡碰撞接触的机会，可浮性好的颗粒黏附于气泡上而上
浮形成泡沫层，经刮出收集、过滤脱水即为浮选产品；不能黏附于气泡的颗粒仍留在料浆
内，经适当处理后废弃或做他用。

浮选是固体废物资源化的一种重要技术，我国已用于从粉煤灰中回收炭，从煤矸石中
回收硫铁矿，从焚烧炉灰渣中回收金属等。

浮选法的主要缺点是有些工业固体废物浮选前需要破碎和磨碎到一定的细度。浮选时
要消耗一定数量的浮选药剂且易造成环境污染或需增加相配套的净化设施；还需要一些辅
助工序，如浓缩、过滤、脱水、干燥等。因此，在生产实践中究竟采用哪种分选方法应根
据固体废物的性质，经过技术经济综合比较后确定。

 习题与思考

（1）固体废物采用压实处理的优点是什么？
（2）为什么要对固体废物进行破碎处理，破碎设备有哪几种？
（3）怎样计算筛分效率，影响筛分效率的因素有哪些？
（4）什么是重力分选，重力分选的难易程度如何判断？
（5）磁力分选分为哪几类，各自的分选机理是什么？

项目 4　固体废物热处理技术

固体废物的热处理技术是利用固体废物的热不稳定性将固体废物进行深度氧化和高温分解，改变其物理、化学、生物特性或组成的处理技术，主要用于有机固体废物的处理、处置与资源化利用。

本项目主要介绍固体废物焚烧处理的过程、影响因素、焚烧产物及焚烧设备、热解原理、工艺设备及影响因素。

任务 4.1　固体废物的焚烧技术

学习目标

（1）了解焚烧处理技术；

（2）熟悉焚烧过程的控制因素；

（3）掌握焚烧产物及其控制方法。

焚烧法是一种高温热处理技术，即以一定量的过剩空气与被处理的有机废物在焚烧炉内进行氧化燃烧反应，废物中的有毒有害物质在 $800 \sim 1200℃$ 的高温下氧化、热解而被破坏，是一种可以同时实现废物无害化、减量化、资源化的处理技术。

焚烧法不但可以处理固体废物，还可以处理液体废物和气体废物；不但可以处理生活垃圾和一般工业废物，而且可以用于处理危险废物。焚烧法适宜处理有机成分多、热值高的固体废物，当处理可燃有机组分很少的废物时，需补加大量的燃料，但这样将增加运行费用。

焚烧技术经历了 100 多年的发展过程，已日益完善并得到了广泛的应用，目前通用的垃圾焚烧炉主要有炉排式、流化床式和旋转窑式焚烧炉。在焚烧炉设备的技术细节方面，国外大量垃圾焚烧经验表明：对于生活垃圾而言，机械炉排焚烧炉与流化床焚烧炉均具有较好的适应性；而对于危险废物，回转窑焚烧炉适应性更强。

焚烧法具有许多独特的优点：

（1）无害化。垃圾经焚烧处理后，垃圾中的病原体被彻底消灭，燃烧过程中产生的有害气体和烟尘经处理后达到排放要求。

（2）减量化。经过焚烧，垃圾中的可燃成分被高温分解后，一般可减重 80%、减容 90% 以上，可节约大量填埋场占地。

（3）资源化。垃圾焚烧产生的高温烟气，其热能被废热锅炉吸收转变为蒸汽，用来供热或发电；垃圾被作为能源来利用，还可回收铁磁性金属等资源。

（4）经济性。垃圾焚烧厂占地面积小，尾气经净化处理后污染较小，可以靠近市区建厂，既节约用地又缩短了垃圾的运输距离；随着对垃圾填埋的环境措施要求的提高，焚烧法的操作费用可望低于填埋。

（5）实用性。焚烧处理可全天候操作，不易受天气影响。

但焚烧法也存在一定的弊端，主要表现在：

（1）目前焚烧炉渣的热灼减率一般为 3%～5%，有待提高。

（2）气相中亦残留有少量以 CO 为代表的可燃组分。

（3）气相不完全燃烧，为高毒性有机物（以二噁英为代表）的再合成提供了潜在的条件。

（4）未燃尽的有机质和不均匀的品相条件，使灰渣中有害物质的再溶出不能完全避免。

（5）垃圾焚烧的经济性及资源化仍有改善的余地。

4.1.1　焚烧原理与过程

4.1.1.1　焚烧的基本概念

A　燃烧

燃烧是一种剧烈的氧化反应，常伴有光与热的现象，也常伴有火焰现象，会导致周围温度的升高。

进行燃烧必须具备燃料或可燃物质、助燃物质和引燃火源，并且在着火条件下才能着火燃烧。燃料是含有碳碳、碳氢及氢氢等高能量化学键的有机物质，这些化学键经氧化后，会放出热能。助燃物质是燃烧反应中不可缺少的氧化物，最普通的氧化物为含有 21% 氧气的空气，空气量的多寡及与燃料的混合程度直接影响燃烧的效率。引燃火源是达到燃烧条件所需要的物质条件。

B　着火与熄灭

着火是可燃物质与助燃物质由缓慢放热反应转变为强烈放热反应的过程，也是可燃物质与助燃物质从无焰燃烧转变为剧烈的有焰燃烧的过程。

从剧烈的有焰氧化反应向无焰状态的过渡过程称为熄灭。

常见的燃烧着火方式包括化学自燃、热自燃和强迫燃烧三种。通常，生活垃圾和危险固体废物的焚烧处理属于强迫燃烧，又称为焚烧，是包含蒸发、挥发、分解、烧结、熔融和氧化还原等一系列复杂的物理变化和化学反应，以及相应的传质传热的综合过程。燃烧过程可以产生火焰，而燃烧火焰又能在一定的条件和适当的可燃介质中自行传播。人们常说的燃烧一般都是指有火焰燃烧。

C　热值

固体废物的热值是指单位质量的固体废物燃烧释放出来的热量，以 kJ/kg 表示。固体废物的热值是焚烧过程中的最重要的基础数据，热值的高低可作为热平衡和能量回收的主要依据。

国家规定固体废物入炉垃圾最低热值标准为 4184kJ/kg，一般固体废物燃烧需要的热值为 3360kJ/kg。据统计，美国城市垃圾中可燃成分的总热值较大，能够维持正常的燃烧，我国城市垃圾中可燃成分低，平均热值约为 2510kJ/kg，达不到维持燃烧的要求，需要添加辅助燃料才能维持燃烧。

4.1.1.2　焚烧技术指标和标准

由于固体废物焚烧产生许多有害污染物，包括重金属和二噁英等，如果不加以严格控制，必然会造成对周围环境的二次污染，危害人类身体健康。为此，世界各国都制定了污染控制指标和标准，借以对废物焚烧设施及焚烧全过程实行有效的控制，以减少乃至消除对周围环境的影响。

A　焚烧处理技术指标

在实际的燃烧过程中，由于操作条件不能达到理想的效果，导致垃圾不能完全燃烧。不完全燃烧的程度可以反映焚烧效果的好坏，评价焚烧效果的方法有多种，比较直观的是用肉眼观察垃圾焚烧产生的烟气的"黑度"来判断焚烧效果，烟气越黑，焚烧效果越差。另外，也可用减量比、热灼减量、燃烧效率、破坏去除效率及烟气排放浓度限值指标等几项技术指标来衡量焚烧处理效果。

a　减量比

用于衡量焚烧处理废物减量化效果的指标称为减量比，可用下式计算：

$$MRC = \frac{m_b - m_a}{m_b - m_c} \times 100\%$$

式中　MRC——减量比，%；

　　　m_a——焚烧残渣的质量，kg；

　　　m_b——投加废物的质量，kg；

　　　m_c——残渣中不可燃物的质量，kg。

b　热灼减量

热灼减量指焚烧残渣在（600±25）℃经 3h 灼热后减少的质量占原焚烧残渣质量的百分数，其计算方法如下：

$$Q_R = \frac{m_a - m_d}{m_a} \times 100\%$$

式中　Q_R——热灼减量，%；

　　　m_a——焚烧残渣在室温时的质量，kg；

　　　m_d——焚烧残渣在（600±25）℃经 3h 灼热后冷却至室温的质量，kg。

c　燃烧效率

在焚烧处理生活垃圾及一般工业废物时，多以燃烧效率（CE）作为评估是否可以达到预期处理要求的指标，可通过下式计算：

$$CE = \frac{c_{CO_2}}{c_{CO_2} - c_{CO}} \times 100\%$$

式中　CE——燃烧效率，%；

　　　c_{CO_2}——烟气中 CO_2 的浓度值，mg/m³；

　　　c_{CO}——烟气中 CO 的浓度值，mg/m³。

d　破坏去除效率

对于危险废物，验证焚烧是否可以达到预期的处理要求的指标还有特殊化学物质或有机性有害主成分（POHCS）的破坏去除效率（*DRE*），定义其计算公式为：

$$DRE = \frac{W_{in} - W_{out}}{W_{in}} \times 100\%$$

式中　*DRE*——破坏去除效率，%；

　　　W_{in}——进入焚烧炉的有机性有害主成分（POHCS）的质量流率，mg/s；

　　　W_{out}——从焚烧炉流出的有机性有害主成分（POHCS）的质量流率，mg/s。

e　烟气排放浓度限制指标

废物在焚烧过程中会产生一系列的新污染物，有可能造成二次污染。对焚烧设施排放的大气污染物控制项目大致包括四个方面。（1）烟尘。常将颗粒物、黑度、总碳量作为控制指标。（2）有害气体。包括 SO_2、HCl、HF、CO 和 NO_x。（3）重金属元素单质或其化合物，如 Hg、Cd、Pb、Ni、Cr、As 等。（4）有机污染物，如二噁英，包括多氯代二苯并-对-二噁英（PCDDs）和多氯代二苯并呋喃（PCDFs）。

B　焚烧处理技术标准

生活垃圾经焚烧烟气净化之后，仍含有少量的污染物排入大气，这部分污染物的排放必须要达到排放标准。一些国家和地区对垃圾焚烧的大气污染物规定了排放限值，所有排放到大气中的各种污染物的浓度或排放量都要小于排放标准中规定的排放限值。如，欧盟以日平均值作为监测指标，其 1996 年排放限值分别为颗粒物 $5mg/m^3$、CO 50mg/L、HCl 10mg/L、HF 1mg/L、SO_2 50mg/L、Ⅰ类金属（Cd、Hg）0.05mg/L。其他如荷兰、瑞典、法国、丹麦、韩国、新加坡等也都规定了城市垃圾焚烧大气污染物排放限值。我国的城市生活垃圾焚烧技术起步较晚，自 2014 年 7 月 1 日起实施的《生活垃圾焚烧污染控制标准》（GB 18485—2014 代替 GB 18485—2001）中规定了焚烧炉大气污染物排放限值。

4.1.1.3　影响焚烧的主要因素

焚烧温度（temperature）、气体停留时间（time）、搅拌混合程度（turbulence）（一般称为 3T）和过剩空气率（excess air）合称为焚烧四大控制参数。

A　焚烧温度（temperature）

固体废物的焚烧温度是指废物中有害组分在高温下氧化、分解直至破坏所须达到的温度。它比废物的着火温度高得多。一般说提高焚烧温度有利于废物中有机毒物的分解和破坏，并可抑制黑烟的产生。但过高的焚烧温度不仅增加了燃料消耗量，而且会增加废物中金属的挥发量及氧化氮数量，引起二次污染。因此不宜随意确定较高的焚烧温度。合适的焚烧温度是在一定的停留时间下由实验确定的。大多数有机物的焚烧温度范围在 800~1100℃之间，通常在 800~900℃左右。通过生产实践，提供以下经验数可供参考。

（1）对于废气的脱臭处理，采用 800~950℃的焚烧温度可取得良好的效果。

（2）当废物粒子在 0.01~0.51μm 之间，并且供氧浓度与停留时间适当时，焚烧温度在 900~1000℃即可避免产生黑烟。

（3）含氯化物的废物焚烧，温度在 800~850℃以上时，氯气可以转化成氯化氢，回收利用或以水洗涤除去；低于 800℃，会形成氯气，难以除去。

（4）含有碱土金属的废物焚烧，一般控制在 750~800℃以下。因为碱土金属及其盐类一般为低熔点化合物。当废物中灰分较少不能形成高熔点炉渣时，这些熔融物容易与焚烧炉的耐火材料和金属零部件发生腐蚀而损坏炉衬和设备。

（5）焚烧含氰化物的废物时，若温度达 850~900℃，氰化物几乎全部分解。

（6）焚烧可能产生氮氧化物（NO_x）的废物时，温度控制在 1500℃ 以下，过高的温度会使 NO_x 急剧产生。

（7）高温焚烧是防治二噁英（PCDD）与呋喃（PCDF）的最好方法，估计在 925℃ 以上这些毒性有机物开始被破坏，足够的空气与废气在高温区的停留时间可以再降低破坏温度。

B　气体停留时间（time）

固体废物中有害组分在焚烧炉内处于焚烧条件下，该组分发生氧化、燃烧，使有害物质变成无害物质所需的时间称之为焚烧停留时间。

停留时间的长短直接影响焚烧的完善程度，停留时间也是决定炉体容积尺寸的重要依据。废物在炉内焚烧所需停留时间是由许多因素决定的，如废物进入炉内的形态（固体废物颗粒大小、液体雾化后液滴的大小以及黏度等）对焚烧所需停留时间影响甚大。当废物的颗粒粒径较小时，与空气接触表面积大，则氧化、燃烧条件就好，停留时间就可短些。因此，尽可能做生产性模拟试验来获得数据。对缺少试验手段或难以确定废物焚烧所需时间的情况，可参阅以下几个经验数据。

（1）对于垃圾焚烧，如温度维持在 850~1000℃ 之间，有良好搅拌与混合，使垃圾的水气易于蒸发，燃烧气体在燃烧室的停留时间约为 1~2s。

（2）对于一般有机废液，在较好的雾化条件及正常的焚烧温度条件下，焚烧所需的停留时间在 0.3~2s 左右，而较多的实际操作表明停留时间大约为 0.6~1s；含氰化合物的废液较难焚烧，一般需较长时间，为 3s 左右。

（3）对于废气，为了除去恶臭的焚烧温度并不高，其所需的停留时间不需太长，一般在 1s 以下。例如在油脂精制工程中产生的恶臭气体，在 650℃ 焚烧温度下只需 0.3s 的停留时间，即可达到除臭效果。

C　搅拌混合程度（turbulence）

要使废物燃烧完全，减少污染物形成，必须使废物与助燃空气充分接触、燃烧气体与助燃空气充分混合。为增大固体与助燃空气的接触和混合程度，扰动方式是关键所在。焚烧炉所采用的扰动方式有空气流扰动、机械炉排扰动、流态化扰动及旋转扰动等，其中以流态化扰动方式效果最好。中小型焚烧炉多数属固定炉床式，扰动多由空气流动产生，包括炉床下送风和炉床上送风两种类型。

（1）炉床下送风。助燃空气自炉床下送风，由废物层孔隙中窜出，这种扰动方式易将不可燃的底灰或未燃碳颗粒随气流带出，形成颗粒物污染，废物与空气接触机会大，废物燃烧较完全，焚烧残渣热灼减量较小。

（2）炉床上送风。助燃空气由炉床上方送风，废物进入炉内时从表面开始燃烧，优点是形成的粒状物较少，缺点是焚烧残渣热灼减量较高。

D　过剩空气率（excess air）

在实际的燃烧系统中，氧气与可燃物质无法完全达到理想程度的混合及反应。为使燃烧完全，仅供给理论空气量很难使其完全燃烧，需要加上比理论空气量更多的助燃空气量，以使废物与空气能完全混合燃烧。

可用过剩空气系数即实际供应空气量与理论空气量的比值来表示，也可用过剩空气率即实际供应空气量减去理论空气量再比上理论空气量来表示。

E　焚烧四个控制参数的关系

在焚烧系统中，焚烧温度、搅拌混合程度、气体停留时间和过剩空气率是四个重要的设计及操作参数。过剩空气率由进料速率及助燃空气供应速率即可决定。气体停留时间由燃烧室几何形状、供应助燃空气速率及废气产率决定。而助燃空气供应量亦将直接影响燃烧室中的温度和流场混合（紊流）程度，燃烧温度则影响垃圾焚烧的效率。这四个焚烧控制参数相互影响。

焚烧温度和废物在炉内的停留时间有密切关系。若停留时间短，则要求较高的焚烧温度；停留时间长，则可采用略低的焚烧温度。因此，设计时不宜采用提高焚烧温度的办法来缩短停留时间，而应从技术经济角度确定焚烧温度，并通过试验确定所需的停留时间。同样，也不宜片面地以延长停留时间而达到降低焚烧温度的目的。因为这不仅使炉体结构设计得庞大，增加炉子占地面积和建造费用，甚至会使炉温不够，使废物焚烧不完全。

废物焚烧时如能保证供给充分的空气，维持适宜的温度，使空气与废物在炉内均匀混合，且炉内气流有一定扰动作用，保持较好的焚烧条件，所需停留时间就可小一点。

4.1.2　焚烧产物及控制

4.1.2.1　焚烧产物

焚烧烟气中常见的大气污染物包括粒状污染物、酸性气体、氮氧化物、重金属、一氧化碳与有机氯化物等。

A　粒状污染物

在焚烧过程中产生的粒状污染物大致可分为以下三类。

（1）废物中的不可燃物，在焚烧过程中（较大残留物）成为底灰排出，而部分粒状物则随废气排出炉外成为飞灰。飞灰所占的比例随焚烧炉操作条件（送风量、炉温等）、粒状物粒径分布、形状与其密度而定。所产生的粒状物粒径一般大于 $10\mu m$。

（2）部分无机盐类在高温下氧化排出，在炉外遇冷凝结成粒状物，或二氧化硫在低温下遇水滴形成硫酸盐雾状微粒等。

（3）未燃烧完全产生的碳颗粒与煤烟，粒径约在 $0.1 \sim 10\mu m$ 之间。由于颗粒微细，难以去除，最好的控制方法是在高温下使其氧化分解。

B　一氧化碳

虽然氧气的含量越高越有利于一氧化碳生产二氧化碳，但是事实上焚烧过程中仍夹杂碳微粒。只要燃烧反应进行，就可能产生一氧化碳，故焚烧炉二燃室较为理想的设计炉温是在 $1000℃$，废气停留时间为 $1s$。

C　酸性气体

焚烧产生的酸性气体主要包括二氧化硫、氯化氢与氟化氢等，这些污染物都是直接由废物中的硫、氯、氟等元素经过焚烧反应形成的。诸如含氯的 PVC 塑料会形成氯化氢，含 F 的塑料会形成 HF，而含硫的煤焦油会产生二氧化硫。一般城市垃圾中硫含量为 0.12%，其中约 30%~60% 转化为二氧化硫，其余则残留于底灰或被飞灰吸收。

D 氮氧化物

焚烧产生的氮氧化物主要有两个来源：一是高温下氮气和氧气反应形成氮氧化物，称为热氮氧化物；另一类来源是废物中含氮组分转化成的氮氧化物，称为燃料氮转化氮氧化物。

E 重金属

废物中所含重金属物质，高温焚烧后除部分残留于灰渣中之外，部分则会在高温下气化挥发进入烟气。部分金属物在炉中参与反应生成的氧化物或氯化物比原金属元素更易气化挥发。这些氧化物及氯化物因挥发、热解、还原及氧化等作用，可能进一步发生复杂的化学反应，最终产物包括元素态重金属、重金属氧化物及重金属氯化物等。元素态重金属、重金属氧化物及重金属氯化物在尾气中将以特定的平衡状态存在，且因其浓度各不相同，各自的饱和温度亦不相同，遂构成了复杂的连锁关系。元素态重金属挥发与残留的比例与各种重金属物质的饱和温度有关，饱和温度愈高则愈易凝结，残留在灰渣内的比例亦随之增高。汞、砷等蒸气压均大于 7mmHg（约 933Pa），多以蒸气状态存在。

高温挥发进入烟气中的重金属物质，随烟气温度降低，部分饱和温度较高的元素态重金属（如镉及汞等）会因达到饱和而凝结成均匀的小粒状物或凝结于烟气中的烟尘上。饱和温度较低的重金属元素无法充分凝结，但飞灰表面的催化作用会使其形成饱和温度较高且较易凝结的氧化物或氯化物；或因吸附作用易附着在烟尘表面。仍以气态存在的重金属物质也有部分会被吸附于烟尘上。重金属本身凝结而成的小粒状物粒径都在 1μm 以下，而重金属凝结或吸附在烟尘表面多发生在比表面积大的小粒状物上，因此小粒状物上的金属浓度比大颗粒要高，从焚烧烟气中收集下来的飞灰通常被视为危险废物。

F 毒性有机氯化物

废物焚烧过程中产生的毒性有机氯化物主要为二噁英类，包括多氯代二苯-对-二噁英（PCDDs）和多氯代二苯并呋哺（PCDFs）。PCDDs 是一族含有 75 个相关化合物的通称；PCDFs 是一族含有 135 个相关化合物的通称。在这 210 种化合物中，有 17 种（2，3，7，8 位被氯原子取代的）被认为对人类健康有巨大的危害，其中 2，3，7，8-四氯代二苯并-对-二噁英（TCDD）为目前已知毒性最强的化合物且动物实验表明其具有强致癌性。PCDDs/PCDFs 浓度的表示方式主要有总量浓度及毒性当量浓度。测出样品中所有 136 种衍生物的浓度，直接加总即为总量浓度（以 ng/m^3 或 ng/kg 表示），按各种衍生物的毒性当量系数转换后再加总即为毒性当量浓度。毒性当量系数以毒性最强的 2，3，7，8-TCDD 为基准（系数为 1.0）制定，其他衍生物则按其相对毒性强度以小数表示（以 ng/m^3 或 ng/kg 表示）。目前有多种毒性当量系数，但广泛采用的是 I-TEF 毒性当量系数。采用 I-TEF 毒性当量系数为换算标准时，通常在毒性当量浓度后用 I-TEQ 或 I-TEF 加以说明。

废物焚烧时的 PCDDs/PCDFs 来自三条途径：废物本身、炉内形成及炉外低温再合成。

（1）废物成分。焚烧废物本身就可能含有 PCDDs/PCDFs 类物质。城市垃圾成分相当复杂，加上普遍使用杀虫剂、除草剂、防腐剂、农药及喷漆等有机溶剂，垃圾中不可避免含有 PCDDs/PCDFs 类物质。国外数据显示：1kg 家庭垃圾中，PCDDs/PCDFs 的含量在 11～255ng（1-TEQ）左右，其中以塑胶类的含量较高，达 370ng（1～TEQ）。而危险废物中 PCDDs/PCDFs 含量就更为复杂。

（2）炉内形成。PCDDs/PCDFs 的破坏分解温度并不高（约 750～800℃），若能保持良好的燃烧状况，由废物本身夹带的 PCDDs/PCDFs 物质，经焚烧后大部分应已破坏分解。

但是废物焚烧过程中可能先形成部分不完全燃烧的碳氢化合物，当炉内燃烧状况不良（如氧气不足、缺乏充分混合、炉温太低、停留时间太短等）而未及时分解为 CO_2 与 H_2O 时，就可能与废物或废气中的氯化物（如 NaCl、HCl、Cl）结合形成 PCDDs/PCDFs，以及破坏分解温度较 PCDDs/PCDFs 高出 100℃ 左右的氯苯及氯酚等物质。

（3）炉外低温再合成。当燃烧不完全时烟气中产生的氯苯及氯酚等物质，可能被废气飞灰中的碳元素吸附，并在特定的温度范围（250～400℃，300℃ 时最显著），在飞灰颗粒的活性接触面上，被金属氯化物（$CuCl_2$ 及 $FeCl_2$）催化反应生成 PCDDs/PCDFs。废气中氧含量与水分含量过高对促进 PCDDs/PCDFs 的再合成起到了重要的作用。在典型的垃圾焚烧处理中，多采用过氧燃烧，且垃圾中水分含量较高，再加上重金属物质经燃烧挥发后多凝结于飞灰上，废气也会含有大量的 HCl 气体，故提供了符合 PCDDs/PCDFs 再合成的环境，成为焚烧废气中产生 PCDDs/PCDFs 的主要原因。

废物中所含 PCB（多氯联苯）及相近结构氯化物等在焚烧过程中的分解或组合，也是形成 PCDDs/PCDFs 的一个重要机制。

4.1.2.2　焚烧控制技术

固体废物焚烧产生的燃烧气体中除了无害的二氧化碳及水蒸气外，还含有许多污染物质，必须加以适当的处理，将污染物的含量降至安全标准以下才可排放，以免造成二次污染。虽然应用于焚烧系统的尾气处理设备与一般空气污染防治设备相同，但是焚烧废物产生的尾气及污染物具有其特殊的性质，处理此种尾气时必须考虑其特殊性。

一个设计良好而且操作正常的焚烧炉内，不完全燃烧物质的产生量极低，通常并不至于造成空气污染，因此设计尾气处理系统时，不将其考虑在内。

焚烧厂典型的空气污染控制设备和处理流程可分为干式、半干式或湿式三类：

（1）湿法处理流程。典型处理流程包括文式洗气器或静电除尘器与湿式洗气塔的组合，以文式洗气器或湿式电离洗涤器去除粉尘，填料吸收塔去除酸气。

（2）干法处理流程。典型处理流程由干式洗气塔与静电除尘器或布袋除尘器相互组合而成，以干式洗气塔去除酸气，布袋除尘器或静电集尘器去除粉尘。

（3）半干法处理流程。典型处理流程由半干式洗气塔与静电除尘器或布袋除尘器相互组合而成，以半干式洗气塔去除酸气，布袋除尘器或静电集尘器去除粉尘。

A　粒状污染物控制技术

a　设备选择

焚烧尾气中粉尘的主要成分为惰性无机物质，如灰分、无机盐类、可凝结的气体污染物质及有害的重金属氧化物，其含量在 450～22500mg/m³ 之间，视运转条件、废物种类及焚烧炉形式而异。一般来说，固体废物中灰分含量高时，所产生的粉尘量多，颗粒大小的分布亦广，液体焚烧炉产生的粉尘较少。粉尘颗粒的直径有的大至 $100\mu m$ 以上，也有小至 $1\mu m$ 以下，由于送至焚烧炉的废物来自各种不同的产业，焚烧尾气带走的粉尘及雾滴特性和一般工业尾气类似。

选择除尘设备时，首先应考虑粉尘负荷、粒径大小、处理风量及容许排放浓度等因素，若有必要可再进一步深入了解粉尘的特性（如粒径尺寸分布、平均与最大浓度、真密度、黏度、湿度、电阻系数、磨蚀性、磨损性、易碎性、易燃性、毒性、可溶性及爆炸限制等）及废气的特性（如压力损失、温度、湿度及其他成分等），以便作一合适的选择。

除尘设备的种类主要包括重力沉降室、旋风（离心）除尘器、喷淋塔、文式洗涤器、静电除尘器及布袋除尘器等，其除尘效率及适用范围列于表中。重力沉降室、旋风除尘器和喷淋塔等无法有效去除 $5\sim10\mu m$ 的粉尘，只能视为除尘的前处理设备。静电集尘器、文式洗涤器及布袋除尘器等三类为固体废物焚烧系统中最主要的除尘设备。液体焚烧炉尾气中粉尘含量低，设计时不必考虑专门的去除粉尘设备。急冷用的喷淋塔及去除酸气的填料吸收塔的组合足以将粉尘含量降至许可范围之内。

b　设备类型

控制粒状污染物的设备主要有文氏洗涤器、静电除尘器和布袋除尘器。

静电除尘器与布袋除尘器是目前使用最广泛的两种粒状污染物控制设备。布袋除尘器的优点是：除尘效率高，可保持一定水准，不易因进气条件变化而影响其除尘效率；当使用特殊材质或进行表面处理后，可以处理含酸碱性的气体；不受含尘气体的电阻系数变化而影响效率；若与半干式洗气塔合并使用，未反应完全的 $Ca(OH)_2$ 粉末附着于滤袋上，当废气经过时因增加表面接触机会，可提高废气中酸性气体的去除效率；对凝结成细微颗粒的重金属及含氯有机化合物（如 PCDDs/PCDFs）的去除效果较佳。缺点为：耐酸碱性较差，废气中含高酸碱成分时滤布可能在较高酸碱度下损毁；需使用特殊材质；耐热性差，超过 260℃ 以上需考虑使用特殊材质的滤材；耐湿性差，处理亲水性较强的粉尘较困难，易形成阻塞；风压损失较大，故较耗能源；滤袋寿命有一定期限，需有备用品随时更换；滤袋如有破损，很难找出破损位置；采用振动装置振落捕集灰尘时需注意滤布破裂的问题。

B　酸性气体控制技术

用于控制焚烧厂尾气中酸性气体的技术有湿式、半干式及干式洗气等三种方法。

a　湿式洗气法

焚烧尾气处理系统中最常用的湿式洗气塔是对流操作的填料吸收塔，如图 4-1-1 所示。经静电除尘器或布袋除尘器去除颗粒物的尾气由填料塔下部进入，首先喷入足量的液体使尾气降到饱和温度，再与向下流动的碱性溶液不断地在填料空隙及表面接触与反应，使尾气中的污染气体有效地被吸收。

填料对吸收效率影响很大，要尽量选用耐久性与防腐性好、比表面积大、对空气流动阻力小以及单位体积质量轻和价格便宜的填料。近年来

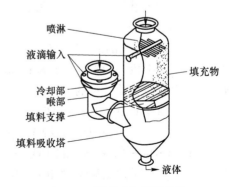

图 4-1-1　湿式洗气塔的构造

最常使用的填料是由高密度聚乙烯、聚丙烯或其他热塑胶材料制成的不同形状的特殊填料，如拉西环、贝尔鞍及螺旋环等，较传统陶瓷或金属制成的填料质量轻、防腐性高，液体分配性好。使用小直径的填料虽可提高单位高度填料的吸收效率，但是压差也随之增加。一般来说，气体流量超过 14.2m³/min 以上时，不宜使用直径在 25.4mm 以下的填料；超过 56.6m³/min 以上，则不宜使用直径低于 50.8mm 以下填料，填料的直径不宜超过填料塔直径的 1/20。

吸收塔的构造材料必须能抗拒酸气或酸水的腐蚀，传统做法是碳钢外壳内衬橡胶或聚氯乙烯等防腐物质，近年来玻璃纤维强化塑胶（FRP）逐渐普及。玻璃纤维强化塑胶不仅质量轻，可以防止酸碱腐蚀，还具有高度韧性及强度，适于作为吸收塔的外设及内部附属设备。

常用的碱性药剂有 NaOH 溶液（15%～20%，质量分数）或 Ca(OH)$_2$ 溶液（10%～30%，质量分数）。石灰液价格较低，但是石灰在水中的溶解度不高，含有许多悬浮氧化钙粒子，容易导致液体分配器、填料及管线的堵塞及结垢。虽然苛性钠较石灰为贵，但苛性碱和酸气反应速率较石灰快速，吸收效率高，其去除效果较好且用量较少，不会因 pH 值调节不当而产生管线结垢等问题，故一般均采用 NaOH 溶液为碱性中和剂。

洗气塔的碱性洗涤溶液采用循环使用方式，当循环溶液的 pH 值或盐度超过一定标准时，排泄部分并补充新鲜的 NaOH 溶液，以维持一定的酸性气体去除效率。排泄液中通常含有很多溶解性重金属盐类（如 HgCl$_2$、PbCl$_2$ 等），氯盐浓度亦高达 3%，必须予以适当处理。

石灰溶液洗气时，其化学方程式为：

$$2S + 2CaCO_3 + 4H_2O + 3O_2 \longrightarrow 2CaSO_4 \cdot 2H_2O + 2CO_2$$

其中 CaSO$_4$ · 2H$_2$O 可以回收再利用。

由于一般的湿式洗气塔均采用充填吸收塔的方式设计，故其对粒状物质的去除能力几乎可被忽略。湿式洗气塔的最大优点为酸性气体的去除效率高，对 HCl 去除率为 98%，SO$_x$ 去除率为 90% 以上，并附带有去除高挥发性重金属物质（如汞）的潜力；其缺点为造价较高，用电量及用水量亦较高，此外为避免尾气排放后产生白烟现象需另加装废气再热器，废水亦需加以妥善处理。目前改良型湿式洗气塔多分为两阶段洗气，第一阶段针对 SO$_2$，第二阶段针对 HCl，主要原因是二者在最佳去除效率时的 pH 值不同。

此外，湿式洗气法产生的含重金属和高浓度氯盐的废水需要进行处理。

b　干式洗气法

干式洗气法是用压缩空气将碱性固体粉末（消石灰或碳酸氢钠）直接喷入烟管或烟管上某段反应器内，使碱性消石灰粉与酸性废气充分接触和反应，从而达到中和废气中的酸性气体并加以去除的目的。

$$2xHCl + ySO_2 + (x + y)CaO \longrightarrow CaCl_2 + yCaSO_3 + xH_2O$$
$$yCaSO_3 + y/2O_2 \longrightarrow yCaSO_4$$

或 $xHCl + ySO_2 + (x + 2y)NaHCO_3 \longrightarrow xNaCl + yNa_2SO_3 + (x + 2y)CO_2 + (x + y)H_2O$

其中，x 及 y 分别为氯化氢（HCl）及二氧化硫（SO$_2$）的摩尔数。为了加强反应速率，实际碱性固体的用量约为反应需求量的 3～4 倍，固体停留时间至少需 1s 以上。

近年来，为提高干式洗气法对难以去除的一些污染物质的去除效率，有用硫化钠（Na_2S）及活性炭粉末混合石灰粉末一起喷入，可以有效地吸收气态汞及二噁英。干式洗气塔中发生的一系列化学反应如下。

（1）石灰粉与 SO_2 及 HCl 进行中和反应：

$$CaO + SO_2 \longrightarrow CaSO_3$$
$$CaO + 2HCl \longrightarrow CaCl_2 + H_2O$$

（2）SO_2 可以减少 $HgCl_2$ 转化为气态的 Hg：

$$SO_2 + 2HgCl_2 + H_2O \longrightarrow SO_3 + Hg_2Cl_2 + 2HCl$$
$$Hg_2Cl_2 \longrightarrow HgCl_2 + Hg\uparrow$$

（3）活性炭吸附现象将形成硫酸，而硫酸与气态汞可反应：

$$SO_{2,\text{气}} \longrightarrow SO_{2,\text{吸附}}$$
$$SO_{2,\text{吸附}} + 1/2O_{2,\text{吸附}} \longrightarrow SO_{3,\text{吸附}}$$
$$SO_{3,\text{吸附}} + H_2O \longrightarrow H_2SO_{4,\text{吸附}}$$
$$2Hg + 2H_2SO_{4,\text{吸附}} \longrightarrow Hg_2SO_{4,\text{吸附}} + 2H_2O + SO_2$$

或
$$Hg_2SO_{4,\text{吸附}} + 2H_2SO_{4,\text{吸附}} \longrightarrow 2HgSO_{4,\text{吸附}} + 2H_2O + SO_2$$

因此当石灰粉末去除 SO_2 时，会影响 Hg 的吸附，故须加入一些含硫的物质（如 Na_2S）。

干式洗气塔与布袋除尘器组合工艺是焚烧厂中尾气污染控制的常用方法，其典型流程如图 4-1-2 所示。优点为设备简单、维修容易、造价便宜，消石灰输送管线不易阻塞；缺点是由于固相与气相的接触时间有限且传质效果不佳，常须超量加药，药剂的消耗量大，整体的去除效率也较其他两种方法为低，产生的反应物及未反应物量亦较多，需要适当最终处置。目前虽已有部分厂商运用回收系统，将由除尘器收集下来的飞灰、反应物与未反应物，按一定比例与新鲜的消石灰粉混合再利用，以期节省药剂消耗量，但其成效并不显著，且会使整个药剂准备及喷入系统变得复杂，管线系统亦因飞灰及反应物的介入而增加了磨损或阻塞的频率，反而失去原系统设备操作简单、维修容易的优势。

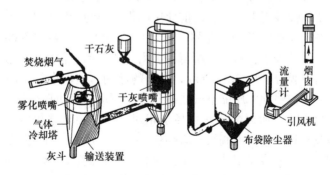

图 4-1-2　Flank 干法系统

c　半干式洗气法

如图 4-1-3 所示，半干式洗气塔实际上是一个喷雾干燥系统，利用高效雾化器将消石灰泥浆从塔底向上或从塔顶向下喷入干燥吸收塔中。尾气与喷入的泥浆可成同向流或逆向流的方式充分接触并产生中和作用。由于雾化效果佳（液滴的直径可低至 $30\mu m$ 左右），气、液接触面大，不仅可以有效降低气体的温度，中和气体中的酸气，并且喷入的消石灰泥浆中水分可在喷雾干燥塔内完全蒸发，不产生废水。

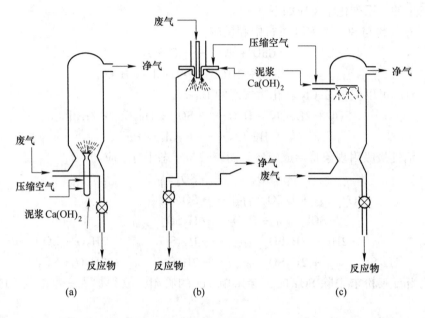

图 4-1-3　半干式洗气塔

（a）浆液与压缩空气向上喷射（同向流）；（b）浆液与压缩空气向下喷射（同向流）；
（c）浆液与压缩空气向下喷射（逆向流）

其化学方程式为：

$$CaO + H_2O \longrightarrow Ca(OH)_2$$
$$Ca(OH)_2 + SO_2 \longrightarrow CaSO_3 + H_2O$$
$$Ca(OH)_2 + 2HCl \longrightarrow CaCl_2 + 2H_2O$$

或
$$SO_2 + CaO + 1/2H_2O \longrightarrow CaSO_3 \cdot 1/2H_2O$$

　　这种系统最主要的设备为雾化器，目前使用的雾化器为旋转雾化器及双流体喷嘴。旋转雾化器为一个由高速马达驱动的雾化器，转速可达 10000~20000r/min，液体由转轮中间进入，然后扩散至转轮表面，形成一层薄膜。由于高速离心作用，液膜逐渐向转轮外缘移动，经剪力作用将薄膜分裂成 30~100μm 大小的液滴。喷淋塔的大小取决于液滴喷雾的轨迹及散体面。双流体喷嘴由压缩空气或高压蒸气驱动，液滴直径为 70~200μm，由于雾化面远较旋转雾化面小，所以喷淋室直径也相对降低。旋转雾化器产生的雾化液滴较小，只要转速及转盘直径不变，液滴尺寸就会保持一定，酸气去除效率较高，碱性反应剂使用量较低；但构造复杂，容易阻塞，价格及维护费用皆高。其最高与最低液体流量比为20∶1，远高于双流体喷嘴（约 3∶1），但最高与最低气体流量比（2.5∶1）远低于双流体喷嘴（20∶1），多用在废气流量较大时（一般为 $Q>340000m^3/h$）。双流体喷嘴构造简单不易阻塞，但液滴尺寸不均匀。

　　半干式洗气法（SDA）的典型流程如图 4-1-4 所示，包含一个冷却气体及中和酸气的喷淋干燥室及除尘用的布袋除尘器室。系统的中心为一个设置在气体散布系统顶端的转轮雾化器。高温气体由喷淋塔顶端成螺旋或旋涡状进入。石灰浆经转轮高速旋转作用由切线方向散布出去，气、液体在塔内充分接触，可有效降低气体温度，蒸发所有的水分及去除酸气，中和后产生的固体残渣由塔底或集尘设备收集，气体的停留时间为 10~15s。单独使用石灰浆时对酸性气体去除效率在 90%左右，但利用反应药剂在布袋除尘器滤布表面进行的二次反应，可提高整个系统对酸性气体的去除效率（HCl：98%，SO_2：90%以上）。

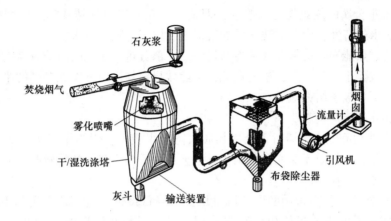

图 4-1-4 Flank 半干式洗气法系统

本法最大的特性是结合了干式法与湿式法的优点，构造简单、投资低、压差小、能源消耗少、液体使用量远较湿式系统低；较干式法的去除效率高，也免除了湿式法产生过多废水的问题；操作温度高于气体饱和温度，尾气不产生白雾状水蒸气团。但是喷嘴易堵塞，塔内壁容易为固体化学物质附着及堆积，设计和操作中要很好控制加水量。

d 酸性气体控制技术比较

以上三种酸性气体控制技术功能比较见表 4-1-1。

表 4-1-1 酸性气体洗气塔功能特性比较

种类	去除效率/%		药剂消耗量	耗电量	耗水量	反应物量	废水量	建造费用	操作维护费用
	单独	配合袋滤式除尘器							
干式	50	95	120	80	100	120	—	90	80
半干式洗气塔	90	98	100	100	100	100	—	100	100
湿式洗气塔	99	—	100	150	150	—	100	150	150

C 重金属控制技术

焚烧厂排放尾气中所含重金属量的多少，与废物组成、性质、重金属存在形式、焚烧炉的操作及空气污染控制方式有密切关系。去除尾气中重金属污染物质的机理有以下四个：

（1）重金属降温达到饱和，凝结成粒状物后被除尘设备收集去除；

（2）饱和温度较低的重金属元素无法充分凝结，但飞灰表面的催化作用会形成饱和温度较高且较易凝结的氧化物或氯化物，而易被除尘设备收集去除；

（3）仍以气态存在的重金属物质，因吸附于飞灰上或喷入的活性炭粉末上而被除尘设备一并收集去除；

（4）部分重金属的氯化物为水溶性，即使无法在上述的凝结及吸附作用中去除，也可利用其溶于水的特性，由湿式洗气塔的洗涤液自尾气中吸收下来。

当尾气通过热能回收设备及其他冷却设备后，部分重金属会因凝结或吸附作用附着在细尘表面，可被除尘设备去除，温度愈低，去除效果愈佳。但挥发性较高的铅、镉和汞等少数重金属则不易被凝结去除。

焚烧厂实际运转经验表明：

（1）单独使用静电除尘器对重金属物质去除效果较差，因为尾气进入静电除尘器时的温度较高，重金属物质无法充分凝结，且重金属物质与飞灰间的接触时间亦不足，无法充分发挥飞灰的吸附作用。

（2）湿式处理流程中采用的湿式洗气塔虽可降低尾气温度至废气的饱和露点以下，但去除重金属物质的主要机构仍为吸附作用；且因对粒状物质的去除效果甚低，即使废气的温度可使重金属凝结（汞仍除外），除非装设除尘效率高的文式洗涤器或静电除尘器，凝结成颗粒状物的重金属仍无法被湿式洗气塔去除。以汞为例，废气中的汞金属大部分为汞的氯化物（如 $HgCl_2$），具水溶性，由于其饱和蒸气压高，通过除尘设备后在洗气塔内仍为气态，与洗涤液接触时可因吸收作用而部分被洗涤下来，但会再挥发随废气释出。

（3）布袋除尘器与干式洗气塔或半干式洗气塔并用时，除了汞之外，对重金属的去除效果均十分优良，且进入除尘器的尾气温度愈低，去除效果愈好。但为维持布袋除尘器的正常操作，废气温度不得降至露点以下，以免引起酸雾凝结，造成滤袋腐蚀，或因水汽凝结而使整个滤袋阻塞。汞金属由于其饱和蒸气压较高，不易凝结，只能靠布袋上的飞灰层对气态汞金属的吸附作用而被去除，其效果与尾气中飞灰含量及布袋中飞灰层厚度有直接关系。

（4）为降低重金属汞的排放浓度，在干法处理流程中，可在布袋除尘器前喷入活性炭，或于尾气处理流程尾端使用活性炭滤床加强对汞金属的吸附作用，或在布袋除尘器前喷入能与汞金属反应生成不溶物的化学药剂，如喷入 Na_2S 药剂，使其与汞作用生成 HgS 颗粒而被除尘系统去除，喷入抗高温液体螯合剂可达到 50%～70%的去除效果。在湿式处理流程中，在洗气塔的洗涤液内添加催化剂（如 $CuCl_2$），促使更多水溶性的 $HgCl_2$ 生成，再以螯合剂固定已吸收汞的循环液，确保吸收效果。

D　二噁英的控制技术

控制焚烧厂产生 PCDDs/PCDFs，可从控制来源、减少炉内形成及避免炉外低温区再合成三方面着手。

a　控制来源

通过废物分类收集，加强资源回收，避免含 PCDDs/PCDFs 物质及含氯成分高的物质（如 PVC 塑料等）进入垃圾中。

b 减少炉内形成

焚烧炉燃烧室应保持足够的燃烧温度及气体停留时间，确保废气中具有适当的氧含量（最好在 6%～12% 之间），达到分解破坏垃圾内含有的 PCDDs/PCDFs，避免产生氯苯及氯酚等物质的目标。

控制燃烧温度抑制 PCDDs/PCDFs，促使 NO_x 浓度升高，但若降低燃烧温度来避免 NO_x 产生时，废气中的 CO 浓度便会随之升高。此外，由于炉内蓄热增加提高了锅炉出口废气温度，因此可能促使 PCDDs/PCDFs 在后续除尘设备内再合成。故欲同时控制 PCDDs/PCDFs 及 NO_x 时，应先以燃烧控制法降低由炉内形成的 PCDDs/PCDFs 及其先驱物质，再于炉内喷入 NH_3 或尿素的无触媒脱氮系统（SNCR），或于空气污染防制设备末端加装触媒脱硝系统（SCR）以降低可能增加的 NO_x 浓度。

c 避免炉外低温再合成

PCDDs/PCDFs 炉外再合成现象，多发生在锅炉内（尤其在节热器的部位）或在粒状污染物控制设备前。有些研究指出，主要的生成机制为铜或铁的化合物在悬浮微粒的表面催化了二噁英的先驱物质；因此在近年来，工程上普遍采用半干式洗气塔与布袋除尘器搭配的方式，同时控制粒状污染物控制设备入口的废气温度不低于 232℃。

在干式处理流程中，最简单的方法为喷入活性炭粉或焦炭粉，以吸附及去除废气中的 PCDDs/PCDFs。活性炭粉虽然单价较高，但因其活性大、用量少，且蒸汽活化安全性高，同时对汞金属亦具较优的吸附功能，是较佳的选择。喷入的位置依除尘设备的不同而异。使用布袋除尘器时吸附作用可发生在滤袋的表面，能为吸附物提供较长的停留时间，活性炭粉或焦炭粉直接喷入除尘器前的烟道内即可。使用静电除尘器时，因无停滞吸附作用，故活性炭喷入点应提前至半干式或干式洗气塔内（或其前烟管内），以增大吸附作用时间。利用吸附作用去除 PCDDs/PCDFs 的方法，除活性炭粉喷入法外，也可直接在静电除尘器或布袋除尘器后端加设一含有焦炭或活性炭固定床吸附过滤器，但因过滤的速度慢（0.1～0.2m/s），体积大，焦炭或活性炭滤层可能有自燃或尘爆的危险。

在湿式处理流程中，因湿式洗气塔仅扮演吸收酸性气体的角色，而 PCDDs/PCDFs 的水溶性甚低，故其去除效果不大。但在不断循环的洗涤液中，氯离子浓度持续累积，造成毒性较低的 PCDDs/PCDFs（毒性仅为 2，6，7，8-TCDD 的 1‰）占有率较高，虽对总浓度或许影响不大，但不失为一种控制 PCDDs/PCDFs 毒性富量浓度的方法；若欲进一步将 PCDDs/PCDFs 去除，可在洗气塔低温段加入去除剂，但此种控制方式仍需进行进一步研究。

4.1.3 焚烧主要参数计算

焚烧炉质量平衡、能量平衡的计算，是根据废物的处理量、物化特性，确定所需的助燃空气量、燃烧烟气产生量和其组成以及炉温等主要参数，是后续炉体大小、尺寸、送风机、燃烧器、耐火材料等附属设备设计参考的依据。

4.1.3.1　燃烧需要空气量

（1）理论燃烧空气量：

理论燃烧空气量是指废物（或燃料）完全燃烧时，所需要的最低空气量，一般以 A_0 来表示。其计算方式是假设液体或固体废物 1kg 中的碳、氢、氮、氧、硫、灰分以及水分的质量分别以 C、H、N、O、S、Ash 及 w 来表示，则理论空气量如下。

体积基准：

$$A_0(\text{m}^3/\text{kg}) = \frac{1}{0.21}\left[1.867\text{C} + 5.6\left(\text{H} - \frac{\text{O}}{8}\right) + 0.7\text{S}\right]$$

质量基准：

$$A_0(\text{kg/kg}) = \frac{1}{0.231}[2.67\text{C} + 8\text{H} - \text{O} + \text{S}]$$

其中，（H−O/8）称为有效氢。因为燃料中的氧是以结合水的状态存在，在燃烧中无法利用这些与氧结合成水的氢，故需要将其从全氢中减去。

（2）实际需要燃烧空气量：

实际供给的空气量 A 与理论空气量 A_0 的关系为：

$$A = mA_0$$

4.1.3.2　焚烧烟气量及其组成

A　烟气产生量

假定废物以理论空气量完全燃烧时的燃烧烟气量称为理论烟气产生量。如果废物组成已知，以 C、H、N、O、S、Cl、W 表示单位废物中碳、氢、氮、氧、硫、氯和水分的质量比，则理论燃烧湿基烟气量为：

$$G_0(\text{m}^3/\text{kg}) = 0.79A_0 + 1.867\text{C} + 0.7\text{S} + 0.631\text{Cl} + 0.8\text{N} + 11.2\text{H}' + 1.244\text{W}$$

或　　　　　$G_0(\text{kg/kg}) = 0.77A_0 + 3.67\text{C} + 2\text{S} + 1.03\text{Cl} + \text{N} + 9\text{H}' + \text{W}$

式中　　　　　　　　　　$\text{H}' = \text{H} - \text{Cl}/35.5$

而理论燃烧干基烟气量为：

$$G_0'(\text{m}^3/\text{kg}) = 0.79A_0 + 1.867\text{C} + 0.7\text{S} + 0.631\text{Cl} + 0.8\text{N}$$

或　　　　　$G_0'(\text{kg/kg}) = 0.79A_0 + 3.67\text{C} + 2\text{S} + 1.03\text{Cl} + \text{N}$

将实际焚烧烟气量的潮湿气体和干燥气体分别以 G 和 G' 来表示，其相互关系可用下式表示：

$$G = G_0 + (m-1)A_0$$

$$G' = G_0' + (m-1)A_0$$

B　烟气组成

固体或液体废物燃烧烟气组成可依表 4-1-2 所示方法计算。

表 4-1-2　焚烧干、湿烟气百分组成计算

组成	体积百分组成		质量百分组成	
	湿烟气	干烟气	湿烟气	干烟气
CO_2	1.867C/G	1.867C/G'	3.67C/G	3.67C/G'

组成	体积百分组成		质量百分组成	
	湿烟气	干烟气	湿烟气	干烟气
SO_2	$0.7S/G$	$0.7S/G'$	$2S/G$	$2S/G'$
HCl	$0.631Cl/G$	$0.631Cl/G'$	$1.03Cl/G$	$1.03Cl/G'$
O_2	$0.21(m-1)A_0/G$	$0.21(m-1)A_0/G'$	$0.23(m-1)A_0/G$	$0.23(m-1)A_0/G'$
N_2	$(0.8N+0.79mA_0)/G$	$(0.8N+0.79mA_0)/G'$	$(N+0.77mA_0)/G$	$(N+0.77mA_0)/G'$
H_2O	$(11.2H'+1.244W)/G$		$(9H'+W)/G$	

4.1.3.3　发热量计算

常用发热量的名称，大致可分为干基发热量、高位发热量与低位发热量等三种。

（1）干基发热量。它是废物不包括含水分部分的实际发热量，称干基发热量（H_d）。

（2）高位发热量。高位发热量又称总发热量，是燃料在定压状态下完全燃烧，其中的水分燃烧生成的水凝缩成液体状态后热量计的测得值即为高位发热量（H_h）。

（3）低位发热量。实际燃烧时，燃烧气体中的水分为蒸汽状态，蒸汽具有的凝缩潜热及凝缩水的显热之和 2500kJ/kg 无法利用，将之减去后即为低位发热量或净发热量，也称真发热量（H_1）。

4.1.3.4　废气停留时间

废气停留时间是指燃烧所生成的废气在燃烧室内与空气接触时间，通常可以表示如下：

$$\theta = \int_0^V dV/Q$$

式中　θ——气体平均停留时间，s；

　　　V——燃烧室内容积，m^3；

　　　Q——气体的炉温状况下的风量，m^3/s。

4.1.3.5　燃烧室容积热负荷

在正常运转下，燃烧室单位容积在单位时间内由垃圾及辅助燃料产生的低位发热量，称为燃烧室容积热负荷（Q_V），是燃烧室单位时间、单位容积所承受的热量负荷，单位为 $kJ/(m^3 \cdot h)$。

$$Q_V = \frac{F_f \times H_{f1} + F_w \times [H_{w1} + AC_{pa}(t_a - t_0)]}{V}$$

式中　F_f——辅助燃料消耗量，kg/h；

　　　H_{f1}——辅助燃料的低位发热量，kJ/kg；

　　　F_w——单位时间的废物焚烧量，kg/h；

　　　H_{w1}——废物的低位发热量，kJ/kg；

　　　A——实际供给每单位辅助燃料与废物的平均助燃空气量，kg/kg；

C_{pa}——空气的平均定压热容，kJ/(kg·℃)；

t_a——空气的预热温度，℃；

t_0——大气温度，℃；

V——燃烧室容积，m^3。

4.1.3.6　焚烧温度推算

焚烧释放出的全部热量使焚烧产物（废气）达到的温度叫火焰温度。从理论上而言，对单一燃料的燃烧可以根据化学反应式及各物种的定压比热，借助精细的化学反应平衡方程组推求各生成物在平衡时的温度及浓度。但是焚烧处理的废物组分复杂，计算过程十分复杂，故工程上多采用较简便的经验法或半经验法推求燃烧温度。

4.1.3.7　有关停留时间的计算

近年来，在有害废物焚烧的研究领域中，为了简化起见，都假设焚烧反应为一级反应。按照化学动力学理论，则反应动力学的方程可用下式表示：

$$dC/dt = -kC$$

在时间从 0→t，浓度从 C_{A0}→C_A 变化范围内积分则上式变为：

$$\ln(C_A/C_{A0}) = -kt$$

式中　C_{A0}，C_A——分别表示 A 组分的初始浓度和经时间 t 后的浓度，g/mol；

　　　　　t——反应时间，s；

　　　　　k——反应速度常数，是温度的函数。它们的关系可用 Arrhenius 方程式表示：

$$k = Ae^{-E/(RT)}$$

　　　　　A——Arrhenius 常数；

　　　　　E——活化能，kcal/(g·mol)；

　　　　　R——通用气体常数；

　　　　　T——绝对温度，K。

A 和 E 由实验测得。当通过实验求得 k 值，DRE 一定时，可由上式求得停留时间 (t)，或由停留时间求出 DRE，或由停留时间、DRE 计算破坏的温度。

【例题 4-1-1】：假设在一温度为 225℃ 的管式焚烧炉中分解纯二乙基过氧化物（组分 A），进入焚烧炉的流速为 12.1L/s，在 225℃ 的速度常数为 $38.3s^{-1}$，欲使二乙基过氧化物的分解率达到 99.995%，炉的内径为 8.0cm，求炉长为多少？

解：假设是活塞流反应器，反应是不可逆的，反应的动力学方程式为：

$$t = -\frac{1}{k}\ln(C_A/C_{A0})$$

根据题意　　　　　　$DRE = 99.995\%$　　则 $C_A = 5 \times 10^{-5} C_{A0}$

所以　　　　　　　　$t = -\frac{1}{38.3}\ln(5 \times 10^{-5}) = 0.259s$

焚烧炉的体积　　　　$V = 0.259 \times 12.1 = 3.13L = 3130cm^3$

炉长
$$L = \frac{3130}{\pi D^2/4} = \frac{3130}{\pi \times 8^2/4} = 62.3 \text{cm}$$

4.1.4　焚烧系统

城市垃圾焚烧处理操作通常为每日 24h 连续燃烧，仅于每年一次的大修期间（约 1 个月）或故障时停炉。垃圾以垃圾车载入厂区，经地磅称量，进入倾卸平台，将垃圾倾入垃圾贮坑，由吊车操作员操纵抓斗，将垃圾抓入进料斗，垃圾由滑槽进入炉内，从进料器推入炉床。由于炉排的机械运动，使垃圾在炉床上移动并翻搅，提高了燃烧效果。垃圾首先被炉壁的辐射热干燥及气化，再被高温引燃，最后烧成灰烬，落入冷却设备，通过输送带经磁选回收废铁后，送入灰烬贮坑，再送往填埋场。燃烧所用空气分为一次及二次空气，一次空气以蒸气预热，自炉床下贯穿垃圾层助燃；二次空气由炉体颈部送入，以充分氧化废气，并控制炉温不致过高，以避免炉体损坏及氮氧化物的产生。炉内温度一般控制在 850℃ 以上，以防未燃尽的气状有机物自烟囱逸出而造成臭味，因此垃圾低位发热量低时，需喷油助燃。高温废气经锅炉冷却，用引风机抽入酸性气体去除设备去除酸性气体后进入布袋集尘器除尘，再经加热后，自烟囱排入大气扩散。锅炉产生的蒸汽以汽轮发电机发电后，进入凝结器，凝结水经除气及加入补充水后，返送锅炉；蒸汽产生量如有过剩，则直接经过减压器再送入凝结器。

一座大型垃圾焚烧厂通常包括下述 8 个系统：

（1）贮存及进料系统。本系统由垃圾贮坑、抓斗、破碎机（有时可无）、进料斗及故障排除/监视设备组成，垃圾贮坑提供了垃圾贮存、混合及去除大型垃圾的场所。一座大型焚烧厂通常设有一座贮坑，负责替 3~4 座焚烧炉体进行供料的任务。每一座焚烧炉均有一进料斗，贮坑上方通常由 1~2 座吊车及抓斗负责供料，操作人员由监视屏幕或目视垃圾由进料斗滑入炉体内的速度决定进料频率。若有大型物卡住进料口，进料斗内的故障排除装置亦可将大型物顶出，落回贮坑；操作人员亦可指挥抓斗抓取大型物品，吊送到贮坑上方的破碎机破碎，以利进料。

（2）焚烧系统。即焚烧炉本体内的设备，主要包括炉床及燃烧室。每个炉体仅一个燃烧室。炉床多为机械可移动式炉排构造，可让垃圾在炉床上翻转及燃烧。燃烧室一般在炉床正上方，可提供燃烧废气数秒钟的停留时间，由炉床下方往上喷入的一次空气可与炉床上的垃圾层充分混合，由炉床正上方喷入的二次空气可以提高废气的搅拌时间。

（3）废热回收系统。包括部署在燃烧室四周的锅炉炉管（即蒸发器）、过热器、节热器、炉管吹灰设备、蒸汽导管、安全阀等装置。锅炉炉水循环系统为一封闭系统，炉水不断在锅炉管中循环，经不同的热力学相变化将能量释出给发电机。炉水每日需冲放以泄出管内污垢，损失的水则由饲水处理厂补充。

（4）发电系统。由锅炉产生的高温高压蒸汽被导入发电机后，在急速冷凝的过程中推动了发电机的涡轮叶片，产生电力，并将未凝结的蒸汽导入冷却水塔，冷却后贮存在凝结水贮槽，经由饲水泵再打入锅炉炉管中，进行下一循环的发电工作。在发电机中的蒸汽亦可中途抽出一小部分作次级用途，例如助燃空气预热等工作。饲水处理厂送来的补充水，可注入饲水泵前的除氧器中，除氧器则以特殊的机械构造将溶于水中的氧去除，防止炉管腐蚀。

（5）饲水处理系统。饲水子系统主要工作为处理外界送入的自来水或地下水，先将其处理到纯水或超纯水的品质，再送入锅炉水循环系统，其处理方法为高级用水处理程序，一般包括活性炭吸附、离子交换及逆渗透等单元。

（6）废气处理系统。从炉体产生的废气在排放前必须先行处理到符合排放标准，早期常使用静电集尘器去除悬浮微粒，再用湿式洗烟塔去除酸性气体（如 HCl、SO_x、HF等）；近年来多采用干式或半干式洗烟塔去除酸性气体，配合滤袋集尘器去除悬浮微粒及其他重金属等物质。

（7）废水处理系统。由锅炉泄放的废水、员工生活废水、实验室废水或洗车废水，可以综合在废水处理厂一起处理，达到排放标准后再放流或回收再利用。废水处理系统一般由数种物理、化学及生物处理单元组成。

（8）灰渣收集及处理系统。由焚烧炉体产生的底灰及废气处理单元产生的飞灰，有些厂采用合并收集方式，有些则采用分开收集方式。国外一些焚烧厂将飞灰进一步固化或熔融后，再合并底灰送到灰渣掩埋场处置，以防止沾在飞灰上的重金属或有机性毒物产生二次污染。

4.1.4.1　垃圾贮存及进料系统

垃圾焚烧厂的贮存及进料系统由垃圾贮坑、抓斗、破碎机（有时可无）、进料斗及故障排除、监视设备等组成。

A　贮存系统

贮存系统包括垃圾倾卸平台、投入门、垃圾贮坑及垃圾吊车与抓斗等四部分。

a　垃圾倾卸平台

倾卸平台的作用是接受各种形式的垃圾车，使之能顺畅进行垃圾倾卸作业。对于大型设施，应采用单向行驶为宜。平台的形式宜采用室内型，以防止臭气外溢及降雨流入。倾卸平台的尺寸应依垃圾车辆的大小及其行驶路线而定，一般以进入厂区的最大垃圾车辆作为设计的依据。平台宽度取决于垃圾车的行动路线及车辆大小，并应以一次掉头即可驶向规定的投入门为原则。一般在倾卸平台投入门的正前方，设置高 20cm 左右的挡车矮墙，以防车辆坠入垃圾贮坑内。此外，地面设计应考虑易于将掉落出的垃圾扫入垃圾贮坑内的构造。为了防止污水的积存，平台应具有 20% 左右的坡度，以便通过集水沟将污水收集后送至污水处理厂处理。垃圾投入门的开与关，由位于每一投入门的控制按钮或由吊车控制室的选控钮来启动完成。为使在发生意外时能即时停止所有垃圾吊车及抓斗的运行，每一倾卸区附近的适当位置必须有紧急停止按钮。

一般而言，倾卸平台为混凝土的构造物，必要时亦可考虑设置防滑板以防止人员滑倒及行车安全。为防止臭气、降雨及噪声对周围环境的影响，平台应具有顶棚或屋顶，其出入口亦应设置气幕及铁门，以阻绝臭气的扩散。倾卸平台的屋顶及侧墙亦应保留适当的开口以利采光，并保持明亮清洁的气氛。其他附属空间还包括投入门驱动装置室、投入门操作室、粗大垃圾倾卸平台、粗大垃圾破碎机室、垃圾抓斗维修室、除臭装置室等。

为避免贮坑过深，增加土方开挖量及施工难度，通常将倾卸平台抬高，再以高架道路相连，高架道路的构造大致可分为填土式与支撑式两种。填土式必须具有边坡或挡土设施；支撑式则应用在大规模的高架道路，其与厂房连接处并应设置伸缩缝，其优点为道路下方仍可加以利用，亦较节省空间，但可能有车辆在行驶时噪声较大等问题，故应充分考虑适当的防治对策（如设置隔音墙）。高架道路的坡度一般在 10%以下，宽度则较平地道路为宽，在 4~5m 左右，另若有曲线变化时，应使中心线半径在 15m 以上。路面的铺设应为沥青或混凝土路面，且应设置防滑构造物。至于道路的横断面应保持适当的坡度，并配置排水口，以迅速排除雨水，两侧亦应设置护栏及照明设备，以防止车辆的坠落。

b 垃圾投入门

为遮蔽垃圾贮坑，防止槽内粉尘与臭气的扩散及鼠类、昆虫的侵入，垃圾投入门应具有气密性高、开关迅速、耐久性佳、强度优异及耐腐蚀性好的特点。

c 垃圾贮坑

垃圾贮坑用于暂时贮存运入的垃圾，调整连续式焚烧系统持续运转能力。贮坑的容量依垃圾清运计划、焚烧设施的运转计划、清运量的变动率及垃圾的外观密度等因素而定。确定贮坑容量时，以垃圾单位容积重 $0.3t/m^3$ 及容纳 3~5d 的最大日处理量为计算依据，而贮坑的有效容量即为投入门水平线以下的容量。为增加垃圾仓储效果，也有以中墙间隔或采用单侧堆高方式将垃圾沿投入门对面的壁面堆高成三角状。

垃圾贮坑应为不致发生恶臭逸散的密闭构筑物，其上部配置吊车进行进料作业。垃圾贮坑、粗大垃圾投入及粉碎与垃圾漏斗的相对配置。

贮坑的宽度主要依投入门的数目来决定，长度及深度应在考虑垃圾吊车的操作性能与地下施工的难易度后加以决定。

贮坑的底部通常使用具有水密性的钢筋混凝土构造，并最好在贮坑内壁增大混凝土厚度及钢筋被覆厚度，以防止垃圾渗滤液的渗透及吊车抓斗冲撞造成的损害。坑底要保持充分的排水坡度，使贮坑内渗滤液经拦污栅排入垃圾贮坑污水槽内。

贮坑底部要有适当的照度，贮坑内壁应有可表示贮坑内垃圾层高度的标识，以便吊车操作员能掌握贮存状况。

大型焚烧设施中常在贮坑内附设可燃性粗大垃圾破碎机，以将形状不适合焚烧的大型垃圾破碎后再与其他垃圾混合送入炉内燃烧，故破碎机室多半设于平台的下层，且为容易将破碎后的垃圾排至贮坑内的位置。

d 垃圾吊车与抓斗

垃圾吊车与抓斗的功能是：

（1）定时抓送贮坑垃圾进入进料斗；

（2）定时抓匀贮坑垃圾，使其组成均匀，堆积平顺；

（3）定时筛检是否有巨大垃圾，若发现有巨大垃圾，送往破碎机处理。

B 进料系统

焚烧炉垃圾进料系统包括垃圾进料漏斗和填料装置。垃圾进料漏斗暂时贮存垃圾吊车投入的垃圾，并将其连续送入炉内燃烧。具有连接滑道的喇叭状漏斗与滑道相连，并附有单向开关盖，在停机及漏斗未盛满垃圾时可遮断外部侵入的空气，避免炉内火焰的窜出。为防止阻塞现象，还可附设消除阻塞装置。

a 种类及功能

垃圾进料漏斗的基本功能是：完全接受吊车抓斗一次投入的垃圾，既能在漏斗内存留足够量的垃圾，又能将垃圾顺利供至炉体内，并防止燃烧气漏出、空气漏入等现象发生。

进料漏斗及滑道的形状取决于垃圾性质和焚烧炉类型。

b　进料设备

进料设备的功能为：

（1）连续将垃圾供给到焚烧炉内；

（2）根据垃圾性质及炉内燃烧状况的变化，适当调整进料速度；

（3）在供料时松动漏斗内被自重压缩的垃圾，使其呈良好通气状态；

（4）如采用流化床式焚烧炉，还应保持气密性，避免因外界空气流入或气体吹出而导致炉压变动。

至于进料设备，机械炉排焚烧炉多采用推入器式或炉床并用式进料器；流化床焚烧炉则采用螺旋进料器式及旋转进料器式进料装置。

4.1.4.2　焚烧炉系统的控制

A　焚烧炉燃烧控制的目标

垃圾是成分极其复杂的燃料，要提高垃圾焚烧厂运转效率，焚烧炉燃烧系统的稳定控制是关键。焚烧炉燃烧系统的控制目标通常设定如下：

（1）使炉内温度达到预定高温值并减少波动；

（2）维持稳定的燃烧；

（3）达到预定的垃圾处理量；

（4）使废气中含有较少量的悬浮微粒、氮氧化物及一氧化碳；

（5）焚烧残渣灼烧减量达到设计值；

（6）维持稳定的蒸汽流量；

（7）减低人为的操作疏失。

B　焚烧炉燃烧控制系统

目前已有许多控制系统可完成上述的控制目标。根据垃圾的热值以及进料量，决定垃圾在炉床上的停留时间，使其燃烧温度维持在一稳定的高温状态。为达此目的，一般以调整炉床的速度以及控制燃烧的助燃空气量来配合，并且由一些反馈数据加以修正，必要时加入辅助燃油，维持稳定的炉温。若其超出控制器所能控制的范围时，则必须由有经验的操作员介入操作，主要的控制方法如下。

a　计算蒸汽蒸发量

一般控制系统可按照估计的热值以及目标焚烧量计算出目标蒸汽流量，在不断进料的过程中，以所测量蒸汽流量与目标蒸汽流量的偏差，反馈给炉床速度控制器与助燃空气流量控制器进行控制，借由蒸汽蒸发量的改变来代表所欲焚烧垃圾热值的改变，进而调节炉床速度与助燃空气的进流量。

b　控制炉床速度

炉排运动速度设定值与垃圾的释热量（或垃圾燃烧程度）有关，若欲将垃圾的释热量维持在炉体设计值之内，可通过燃烧炉排上温度的感测以及垃圾层厚度的检测，加上蒸汽蒸发量偏差的计算，进行炉床上炉排运动速度的修正。

c　控制助燃空气量

助燃空气量往往直接影响垃圾的释热量以及垃圾燃烧程度，而助燃空气量的多少会表现在废气中残余氧浓度与炉温上，所以欲控制燃烧空气量，可通过计算废气残余氧浓度与蒸汽蒸发量偏差，把空气依不同比例分配到炉体各进气口。

　　d　控制辅助燃油

有时候垃圾的水分过高，造成垃圾不易燃烧，或是垃圾燃烧情况不佳，造成废气污染物质浓度过高，往往需加入辅助燃油改善燃烧情况；参考炉温、蒸汽蒸发量、助燃空气量以及炉床上炉排运动速度，计算出为改善燃烧情况应该加入多少辅助燃油，或由操作员视情况以人为方式介入控制。

　　e　控制二次空气流量

二次空气流量的控制程度可由废气污染物质浓度以及蒸汽蒸发量的测量来决定。

以上各项控制方法，源于传统的比例积分微分（PID）控制理论，优点是计算简单，能迅速地进行在线控制；缺点在于不能将操作员的经验融入控制器中，当对于受控体的内涵与机制不甚了解时，往往不能做出准确的判断。模概控制却能弥补这项缺点，将操作员的良好控制经验建模后放入控制器中，而且计算速度也相当迅速，可用来作为在线即时控制。

4.1.4.3　焚烧灰渣的收集

A　灰渣种类

垃圾焚烧产生的灰渣一般可分为下列四种：

（1）细渣。细渣由炉床上炉条间的细缝落下，经集灰斗槽收集，一般可并入底灰，其成分有玻璃碎片、熔融的铝锭和其他金属。

（2）底灰。底灰是焚烧后由炉床尾端排出的残余物，主要含有燃烧后的灰分及不完全燃烧的残余物（如铁丝、玻璃、水泥块等），一般经水冷却后再送出。

（3）锅炉灰。锅炉灰是废气中悬浮颗粒被锅炉管阻挡而掉落于集灰斗中，亦有沾于炉管上，再被吹灰器吹落，可单独收集，或并入飞灰一起收集。

（4）飞灰。飞灰是指由空气污染控制设备收集的细微颗粒，一般为经旋风集尘器、静电集尘器或滤袋集尘器收集的中和反应物（如 $CaCl_2$、$CaSO_4$ 等）及未完全反应的碱剂（如 $Ca(OH)_2$）。

一般而言，焚烧灰渣由底灰及飞灰共同组成，由于近年来飞灰经常被视为危险废物，因此在灰渣的收集、处理、处置及再利用的规划设计上必须仔细思考。

焚烧灰渣性质因其产生地点不同而异，且受垃圾性质及焚烧处理流程的影响很大。一般而言，焚烧灰渣的物理及化学特性随采样时间及炉型而有变动，其成分（质量分数）为：SiO_2 35%~40%。Al_2O_3 10%~20%。CaO 10%~20%。Fe_2O_3 5%~10%。MgO、Na_2O、K_2O 各占 1%~5%。以及少量的 Zn、Cu、Pb、Cr 等金属及盐类。如无前处理，还可能有其他问题时，除了了解基本的理化特性外，尚可进一步探讨其工程特性。进行系统规划时，可由灰渣的工程特性及再利用产品（材料）规范进一步规划其贮存、运送、处理、处置及再利用的可行方案。

B　灰渣收集及贮存

焚烧后的灰渣及由烟道气中捕集的飞灰，一般由灰烬漏斗或滑槽收集，在设计时除了需避免形成架桥等阻塞问题，尚需严防空气漏入。焚烧灰渣由炉床尾部排出时温度可高达

400~500℃左右，一般底灰收集后多采用冷却降温法。而飞灰若与底灰分开收集，则运出前可用回收水充分湿润。底灰的冷却多在炉床尾端的排出口处进行，冷却水槽除了具有冷却底灰温度外，尚具有遮断炉内废气及火焰的功能。灰渣冷却前的输送设备一般可分为下列五种：

（1）螺旋式输送带。其为内含螺旋翼的圆筒构造，此种输送带仅适用于5m以内的短程输送情况（如平底式静电集尘器的底部）。

（2）刮板式输送带。其为链条上附刮板的简单构造，使用时必须注意滚轮旋转时由飞灰造成的磨损。另外，当输送吸湿性高的飞灰时，应注意其密闭性，以避免由输送带外壳泄入空气后，而导致温度下降使飞灰固结在输送设备中。

（3）链条式输送带。系借串联起来的链条及加装的连接物在灰烬中移动，利用飞灰与连接物的摩擦力来排出飞灰。

（4）空气式输送管。系将飞灰借空气流动的方式来运送，空气流动的方式有压缩空气式及真空吸引式两种，均具有自由选择输送路线的优点；但缺点为造价太高，且输送吸湿性高的飞灰时，易形成固结及阻塞。此外，当输送速度太快时，亦会造成设备磨损。

（5）水流式输送管。系将飞灰以水流来输送，如空气式输送管一般，具有自由选择输送路径的优点，但会产生大量污水。

4.1.5　焚烧设备

固体废物焚烧设备的核心是焚烧炉。焚烧炉的结构形式与固体废物的种类、性质和燃烧形态等因素有关，不同的焚烧方式有相应的焚烧炉与之相匹配。

固体废物焚烧炉种类繁多，根据炉型分类，主要有炉排型焚烧炉、流化床焚烧炉和回转窑焚烧炉三种类型。

4.1.5.1　炉排型焚烧炉

炉排型焚烧炉的焚烧过程是，垃圾落入炉排后，被吹入炉排的热风烘干，与此同时，吸收燃烧气体的辐射热，使水分蒸发，干燥后的垃圾逐步点燃，运行中将可燃物质燃尽，其灰分与其他不可燃物质一起排出炉外。炉排型焚烧炉按结构形式可分为以下几种类型：

（1）移动式（又称链条式）炉排。通常使用持续移动的传送带式装置。点燃后通过调节填料炉排的速度可控制垃圾的干燥和点燃时间；点燃的垃圾在移动翻转过程中完成燃烧，炉排燃烧的速度可根据垃圾组分性质及其焚烧特性进行调整。

（2）往复式炉排。由交错排列在一起的固定炉排和活动炉排组成，它以推移形式使燃烧床始终处于运动状态，炉排有顺推和逆推两种方式。

（3）摇摆式炉排。由一系列块形炉排有规律地横排在炉体中。操作时，炉排有次序地上下摇动，使物料运动；相邻两炉排之间在摇摆时相对起落，从而起到搅拌和推动垃圾的作用，完成燃烧过程。

（4）翻转式炉排。由各种弓型炉条构成。炉条以间隔的摇动使垃圾物料向前推移，并在推移过程中得以翻转和拨动，这种炉排适合于轻质燃料的焚烧。

（5）回推式炉排。是一种倾斜地来回运动的炉排系统。垃圾在炉排上来回运动，始终交错处于运动和松散状态，由于回推形式可使下部物料燃烧，适合于低热值垃圾的燃烧。

（6）辊式炉排。它由高低排列的水平辊组合而成，垃圾通过被动的辊子输入，在向前推动的过程中完成烘干、点火、燃烧等过程。

几种典型机械炉排示意图如图 4-1-5 所示。

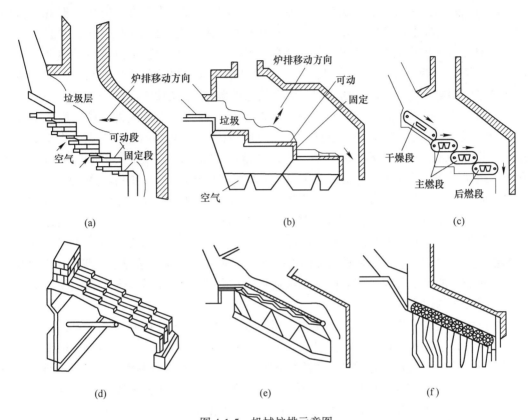

图 4-1-5　机械炉排示意图
（a）台阶式炉排；（b）台阶往复式炉排；（c）履带往复式炉排；
（d）摇动式炉排；（e）逆动式炉排；（f）滚筒式炉排

生活垃圾高含水率导致焚烧过程中着火时间延迟、位置偏后，使得最终燃尽率偏小。炉膛生活垃圾厚度、炉排运行时间以及炉排形状等都将直接影响其通风效果，特别是运行一定时间后的焚烧厂，其炉排第一级送风管道以及炉排片分别被生活垃圾渗滤液与漏落的混合干化物和焚烧灰渣堵塞，严重降低了第一级炉排片段的通风功效，使之不能提供足够热空气充分干燥生活垃圾，导致后续生活垃圾的点火延迟，燃烬困难。

为改善焚烧厂倾斜往复式顺推炉排对"三高一低"（高混杂、高含水率、高无机物含量、低热值）生活垃圾的焚烧效果，在焚烧厂现场进行了固定炉排生活垃圾厚度对通风阻力性能影响的试验研究，并对空炉排和不同厚度的生活垃圾层通风阻力特性等进行了冷态实验。焚烧炉膛内一般通过焚烧炉内动、静炉排片之间的相对运动，使上下炉排片之间缝隙不被堵塞，从而保证炉排的正常通风，但实际运行过程中，炉排片间的缝隙随着运行时间的推移易发生堵塞。空炉排的阻力随着使用时间的加长而增大，经过多次装卸生活垃圾后的炉排，其阻力明显大于刚铺装好的初始炉排。焚烧厂的实际运行发现：经过 4 次生活垃圾的装卸，传统空炉排的最大阻力为 145Pa，如果装有 50m 厚的生活垃圾，其最大阻力达 468Pa（对应于最大空气流量 1031m³/h），炉排通风阻力所占比例约为 1/3。

为降低炉排通风阻力，对焚烧厂干燥段第一级固定炉排采用开孔方式，固定炉排片采用端部钻有 3 个直径 8mm 通孔的炉排片。炉排片端部开孔可明显加大通风面积，减小炉排片的通风阻力，一次生活垃圾装卸之后，其未开孔炉排阻力为 24~75Pa，开孔炉排为 12~48Pa；而两次生活垃圾装卸之后，其未开孔炉排阻力为 92~106Pa，开孔炉排为 29~80Pa。因此，炉排片端部开孔可有效增大第一级炉排的通风量，促进炉后的生活垃圾干燥与着火焚烧效果。实际运行表明，当左右两侧第一级送风量低于 12000m³/h 时，焚烧状态较差而随着第一级送风量的增加，焚烧状态将得到很好的提高。

当第一级炉排送风量达到总送风量 25%左右时（而一般设计值为总送风量的 15%左右），生活垃圾焚烧状态明显得到好转，达到很好的焚烧状态。因此针对高含水率的生活垃圾，其第一级炉排送风量必须达到一次送风量的 25%以上，从而有助于生活垃圾的燃尽大大缓解燃烧滞后现象，并提高炉子对生活垃圾热值和水分变动的适应能力。

因此，针对大型生活垃圾焚烧厂焚烧不稳定现象，可从以下四方面对通风系统进行改善：一次风温度由常规的室温提高至 280℃，从而使生活垃圾在炉内的干燥段得以充分干燥，起到加强燃烧效果的作用；通过炉排加孔，可明显降低焚烧炉通风阻力；同时加长焚烧炉排长度，增加生活垃圾在炉内的停留时间，从而使得焚烧炉燃烧更为彻底；最后可改变焚烧系统中的风量分配比例，使第一级通风量由传统的 15%提高到 25%，相应降低第二级和第三级的通风量。

炉排型焚烧炉形式多样，其应用占全世界垃圾焚烧市场总量的 80%以上，该类炉型的最大优势在于技术成熟，运行稳定、可靠，适应性广，绝大部分固体废物不需要预处理即可直接进炉焚烧，尤其适用于大规模垃圾集中处理，可利用垃圾焚烧发电或供热。但炉排需用高级耐热合金钢做材料，投资及维修费用较高，而且机械炉排炉不适合含水率较高的污泥处理，对于大件的生活垃圾也不适宜直接用炉排型焚烧炉。

4.1.5.2　流化床焚烧炉

流化床焚烧炉可以对任何垃圾进行焚烧处理。它的最大优点是可以使垃圾完全燃烧，并对有害物质进行最彻底的破坏，一般排出炉外的未燃物均在 1%左右，燃烧残渣最低，有利于环境保护，同时也适用于焚烧高水分的污泥类等物质。流化床主要用来焚烧轻质木屑等，近年开始逐步应用于焚烧污泥、煤和城市生活垃圾。流化床焚烧炉根据风速和垃圾颗粒的运动状况可分为固定层、沸腾流动层和循环流动层。

（1）固定层。气速较低，垃圾颗粒保持静态，气体从垃圾颗粒间通过。

（2）沸腾流动层。气速超过流动临界点的状态，从而在颗粒中产生气泡，颗粒被剧烈搅拌处于沸腾状态。

（3）循环流动层。气体速度超过极限速度，气体和颗粒之间激烈碰撞混合，颗粒在气体作用下处于飞散状态。

流化床焚烧炉的结构如图 4-1-6 所示。一般垃圾粉碎到 20cm 以下后再投入到炉内，垃圾和炉内的高温流动沙（650~800℃）接触混合，瞬间气化并燃烧。未燃尽成分和轻质垃圾一起飞到上部燃烧室继续燃烧，一般认为上部燃烧室的燃烧占 40%左右，但容积却占流化层的 4~5 倍，同时上部的温度也比下部流化层高 100~200℃，通常也称为二燃室。

不可燃物和流动砂沉到炉底，一起被排出，混合物分离成流动砂和不可燃物，流动砂可保持大量的热量，因此流回炉循环使用。70%左右垃圾的灰分以飞灰形式流向烟气处理设备。

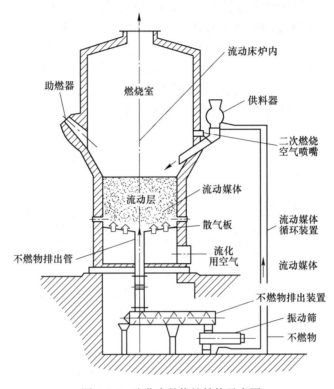

图 4-1-6　流化床焚烧炉结构示意图

流化床炉体较小，焚烧炉渣的热灼减率低（约1%），炉内可动部分设备少，同时由于流动床将流动砂保持在一定的湿度，所以便于每天启动和停炉。但由于流化床焚烧炉主要靠空气托住垃圾进行燃烧，因此对进炉的垃圾有粒度要求，通常希望进入炉中垃圾的颗粒不大于50mm，否则大颗粒的垃圾或重质的物料会直接落到炉底被排出，达不到完全燃烧的目的。所以流化床焚烧炉都配备了大功率的破碎装置，否则垃圾在炉内保证不了完全呈沸腾状态，无法正常运转。另外，垃圾在炉内沸腾全部靠大风量高风压的空气，不仅电耗大，而且将一些细小的灰尘全部吹出炉体，造成锅炉处大量积灰，并给下游烟气净化增加了除尘负荷。流化床焚烧炉的运行和操作技术要求高，若垃圾在炉内的沸腾高度过高，则大量的细小物质会被吹出炉体；相反，鼓风量和压力不够，沸腾不完全，则会降低流化床的处理效率。因此需要非常灵敏的调节手段和相当有经验的技术人员操作。

4.1.5.3　回转窑焚烧炉

回转窑焚烧炉是一种较成熟的焚烧设备，如果待处理的垃圾中含有多种难燃烧的物质，或垃圾的水分变化范围较大，回转窑是比较理想的选择。回转窑因为转速的改变，可以影响垃圾在窑中的停留时间，并且对垃圾在高温空气及过量氧气中施加较强的机械碰撞，能得到可燃物质及腐败物含量很低的炉渣。

　　回转窑可处理的垃圾范围广，特别是在工业垃圾的焚烧领域应用广泛。城市生活垃圾焚烧中的应用主要是为了提高炉渣的燃尽率，将垃圾完全燃尽以达到炉渣再利用时的质量要求。这种情况下，回转窑炉一般安装在机械炉排炉后。

　　图 4-1-7 所示为将回转窑作为干燥和炉使用时的示意图。在此流程中，机械炉排作为燃尽段安装在其后，作用是将炉渣中未燃尽物完全燃烧。但该技术也存在明显的缺点，即垃圾处理量不大，飞灰处理难，燃烧不易控制。这使它很难适应发电的需要，在当前的垃圾焚烧中应用较少。回转窑炉是一个带耐火材料的水平圆筒，绕着其水平轴旋转，从一端投入垃圾，当垃圾到达另一端时已被燃尽成炉渣。圆筒转速可调，一般为 0.75~2.50r/min。处理垃圾的回转窑的长度和直径比一般为 (2~5)∶1。

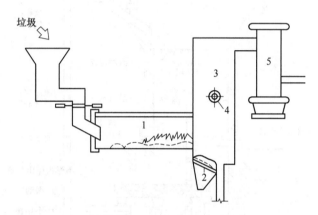

图 4-1-7　回转窑焚烧炉
1—回转窑；2—燃尽炉排；3—二次燃烧室；4—助燃器；5—锅炉

　　回转窑由两个以上的支撑轴轮支持，通过齿轮驱转的支撑轴轮或链长驱动绕着回转窑体的链轮齿带动旋转窑炉旋转。回转窑的倾斜角度可以通过上下调整支撑轴轮来调节，一般为 2%~4%，但也有完全水平或倾斜极小的回转窑，且在两端设有小坝，以便在炉内维持成一个池形，一般用作熔融炉。

　　回转炉可分成如下几类：

　　(1) 顺流和逆流炉。根据燃烧气体和垃圾前进方向是否一致分为顺流和逆流炉。处理高水分垃圾选用逆流炉，助燃器设置在回转窑前方（出渣口方），而高挥发性垃圾常用顺流炉。

　　(2) 熔融炉和非熔融炉。炉内温度在 1100℃ 以下的正常燃烧温度域时为非熔融炉；当内温度达约 1200℃ 以上，垃圾将会熔融。

　　(3) 带耐火材料炉和不带耐火材料炉。

　　最常用的回转窑一般是顺流式、带耐火材料的非熔融炉。

　　各种焚烧炉的综合性能对比见表 4-1-3。

表 4-1-3　各种焚烧炉的综合性能

比较项目	流化床焚烧炉技术	回转窑焚烧炉技术	炉排型焚烧炉技术
主要应用地区	日本、美国	美国、丹麦、瑞士	欧洲、美国、日本

比较项目	流化床焚烧炉技术	回转窑焚烧炉技术	炉排型焚烧炉技术
处理能力	中小型 150t/d 以下	大中型 200t/d 以上	大型 200t/d 以上
设计、制造水平	生产供应商有限	生产供应商有限	已成熟
燃料适应性	燃料的种类受到限制	燃料的种类受到限制	燃料适应性广
对入炉垃圾要求	需分类破碎至 15cm 以下	除大件垃圾外不需分类破碎	除大件垃圾外一般不分类破碎
燃烧性能	燃烧温度较低、燃烧效率较佳、燃烧稳定性一般、燃烧速度较快、燃尽率高	可高温安全燃烧、残灰颗粒小、燃烧稳定性一般、燃烧速度一般、燃尽率较高	燃烧可靠、余热利用较好、燃烧稳定性好、燃烧速度较快、燃尽率高
炉内温度	流化床内燃烧温度 800 ~ 900℃	回转窑内 600 ~ 800℃，燃尽室温度为 1000 ~ 1200℃	垃圾层表面温度 800℃，烟气温度 800 ~ 1000℃
垃圾停留时间	固体垃圾在炉中停留 1 ~ 2h，气体在炉中约几秒钟	固体垃圾在回转窑内停留 2 ~ 4h，气体在燃尽室约几秒钟	固体垃圾在炉中停留 1 ~ 3h，气体在炉中约几秒钟
垃圾运动方式	炉内翻滚运动	回转窑内回转滚动	取决于炉排的运动
对高温腐蚀的防治	较难、尚无有效方法	较难、尚无有效方法	较难、尚无有效方法
对污染的防治	较难	较难	较易
炉体结构	瘦高型、体积大	长圆形、体积大	瘦高型、体积大
运行操作费用	高	较低	较高
初投资	大	较大	大
存在缺陷	操作运转技术高、需添加流动媒介、进料颗粒较小、单位处理量所需动力高、炉床材料易损坏	连接传动装置复杂，炉内耐火材料易损坏，焚烧热值较低、含水分高的垃圾时有一定的难度	操作运转技术高、炉排易损坏

任务 4.2　固体废物的热解技术

学习目标

（1）掌握热解概念及原理；

（2）熟悉热解工艺与设备；

（3）了解典型固体废物的热解技术。

固体废物中有机物可分为天然的和人工合成的两类。天然的有橡胶、木材，纸张，蛋白质，淀粉、纤维素、麦秆，废油脂和污泥等；人工合成的有塑料，合成橡胶、合成纤维等。随着现代工业发展和人民生活水平的提高，人们的衣、食、住、行中应用有机高分子材料的机会增多，因此，在固体废物中有机物质的组分不断增加。

热解是一种工业化生产技术，又称干馏、裂解和炭化，是利用有机物的热不稳定性，在无氧或缺氧条件下加热使分子量大的有机物产生热裂解，转化为分子量小的燃料气、液体（油、油脂等）及残渣等。热解的生成物，由于分解反应操作条件不同而有所不同。热解广泛用于生产木炭、炭黑、煤干馏和石油重整等方面。

　　环境科学工作者长期实验研究证明城市垃圾热解不需添加辅助燃料就能够满足热解过程中所需的热量，热解气可作为燃料用于产生蒸汽和发电。联邦德国于1983年在巴伐利亚州建立了第一座废塑料、废轮胎和废电缆的热解厂，年处理废物能力为600~800t。美国纽约市也建立了采用纯氧高温热解法，日处理废物能力达3000t的热解工厂。我国农机科学研究院于1981年利用低热值的农村废物进行了热解燃气装置的试验，并取得了成功。小型农用气化炉已定点生产，为解决农用动力和生活能源找到了方便可行的代用途径。热解可在比焚烧温度低的条件下，从有机废物中直接回收燃料油或燃料气，从资源化角度讲，热解比焚烧更有利。但是，并非所有有机废物都适用于热解，对含水率过高、性质不同的可热解的有机混合物，由于热解困难，回收燃料油气在经济上并不合算。即使是同类有机物，若数量不足以发挥处理设备能力的经济优势，也是不经济的。因此，在选择和使用热解技术时，必须详细查明废物的组成、性质和数量，充分考虑其经济效益。适用于热解处理的废物有废塑料（含氯的除外）、树脂、废橡胶、废轮胎、废油及油泥（渣）、废有机污泥、城市固体废物、农业废物、人畜粪便等。

4.2.1　热解概念

　　固体废物热解是利用有机物的热不稳定性，在无氧或缺氧条件下受热分解的过程。热解法与焚烧法相比是完全不同的两个过程，焚烧是放热的，热解是吸热的，焚烧的产物主要是二氧化碳和水，而热解的产物主要是可燃的低分子化合物：气态的有氢、甲烷、一氧化碳；液态的有甲醇，丙酮、醋酸，乙醛等有机物及焦油、溶剂油等；固态的主要是焦炭或炭黑。焚烧产生的热能量大的可用于发电，量小的只可供加热水或产生蒸汽，就近利用。而热解产物是燃料油及燃料气，便于储藏及远距离输送。

4.2.2　热解原理

　　固体废物的热解过程是一个复杂的化学反应过程，包括大分子的键断裂、异构化等化学反应。在热解过程中，其中间产物有两种变化趋势，一种为从大分子变成小分子直至气体的裂解过程，另一种为小分子聚合成较大分子的聚合过程。

　　热解过程可以用通式表示如下：

$$有机固体废物 \xrightarrow{\triangle} 气体（H_2、CH_4、CO、CO_2）+$$
$$有机液体（有机酸、芳烃、焦油）+固体（炭黑+炉渣）$$

　　例如，纤维素热解 $3(C_6H_{10}O_5) \xrightarrow{\triangle} 8H_2O+C_6H_8O+2CO+2CO_2+CH_4+H_2+7C$
其中，C_6H_8O 代表液态的油品。

　　采用热解法生产气体燃料是使有机固体废物在8000~10000℃的温度下分解，最终形成含 H_2、CH_4、CO 等气体燃料。热解所得燃料气有两个作用：一是把热解气体直接送入二级燃烧室燃烧，用于生产蒸汽和预热空气；二是通过净化，冷凝除烟尘、水、残油等杂质，生产出纯度较高的气体燃料，以备它用。所生产的气体燃料的性质因废物的种类、热解方法而异。热值一般为4186~29302kJ/m³。

热解法生产液体燃料是使有机固体废物在 500~600℃ 的温度下分解，最终形成含有乙酸、丙酸、乙醇、焦油等的液体燃料。热解产生的燃料油是具有不同沸点的各种油的混合物，含水焦油比较多，精制后方能得到热值较高的燃料油。热值一般为 29302kJ/L 左右。

热解过程由于供热方式、产品状态、热解炉结构等的不同，热解方式也有较大的差别。

4.2.2.1 按供热方式分类

按照供热方式的不同，热解可以分为直接加热法和间接加热法两种形式。

（1）直接加热法。供给被热解物（所处理的废物）的热量是被热解物部分直接燃烧或者向热解反应器提供补充燃料时所产生的热。由于燃烧需提供氧气，因而就会产生二氧化碳等惰性气体和水混在热解可燃气中，稀释了可燃气，结果降低了热解产气的热值。采用的氧化剂是纯氧、富氧或空气，其热解可燃气的热值是不同的。如果采用空气作氧化剂，热解气体中不仅有二氧化碳和水，而且含有大量的氮气，更稀释了可燃气，使热解气的热值大大降低。

（2）间接加热法。间接加热法是将被热解的物料由直接供热介质在热解反应器（或热解炉）中分离开来的一种方法。可利用墙式导热或一种中间介质来传热（热砂料或熔化的某种金属床层）。墙式导热方式由于热阻大，熔渣可能会出现包覆传热壁面或者腐蚀等问题，以及不能采用更高的热解温度等而受限。采用中间介质传热，虽然可能出现固体传热或物料与中间介质分离等问题，但两者综合比较起来，后者较墙式导热方式要好一些。

间接加热法的主要优点在于其产品的品位较高。间接加热法每千克物料所产生的燃气量与产气率大大低于直接法。除流化床技术外，一般而言，间接加热其物料被加热的热能较直接加热差，从而延长了物料在反应器里的停留时间，因此，其生产率低于直接加热法。间接加热法不可能采用高温热解方式，这可减少氮氧化物的产生。

4.2.2.2 按热解温度分类

按照热解温度的不同，热解可以分为高温热解、中温热解和低温热解三种形式。

（1）高温热解。高温热解温度一般在 1000℃ 以上，高温热解方案采用的加热方式几乎都是直接加热法。

（2）中温热解。中温热解温度一般在 600~700℃ 之间，主要用在比较单一的物料作能源和资源回收的工艺上，像废轮胎、废塑料转换成类重油物质的工艺，所得到的类重油物质既可作能源，也可作化工初级原料。

（3）低温热解。低温热解温度一般在 600℃ 以下。农业、林业和农业产品加工后的废物用来生产低硫低灰的炭就可采用这种方法，生产出的炭视其原料和加工的深度不同，可作不同等级的活性炭和水煤气原料。

4.2.3 热解工艺与设备

一个完整热解工艺包括进料系统、反应器、回收净化系统、控制系统等几部分，其中反应器是整个工艺的核心，热解过程主要在反应器中进行。不同的反应器类型往往决定了整个热解反应的方式以及热解产物的成分。

应用热解技术处理城市垃圾的工艺设备有固定床型热解系统、流化床型热解系统、回转窑式热解系统、管型炉瞬间热解系统和高温熔融炉热解系统等多种方式。

4.2.3.1　固定床型热解系统

图 4-2-1 所示为典型的固定床反应器。

经过选择和破碎的固体废物从反应器的顶部加入。反应器中物料与气体界面的温度为 93～315℃。物料通过燃烧床向下移动，燃烧床由炉箅支持。在反应器底部引入预热空气或氧气。这种反应器的产物包括底部的熔渣或灰渣和顶部的烟气，顶部烟气中含有一定的焦油、木醋油等成分，经过冷却洗涤后可以作为燃气使用。

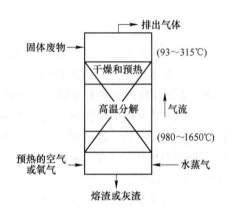

图 4-2-1　固定床反应器

在固定床反应器中，维持反应进行的热量是由部分废物燃烧所提供的。由于采用逆流式物流方向，物料在反应器中滞留时间长，保证了物料最大限度地转化为燃料。同时，由于反应器中气体流速相对较低，在产生的气体中夹带的颗粒物也比较少。固体物质的损失少，加上高燃料转化率，将未汽化的燃料损失减到最少，并且减少了对空气污染的潜在影响。

固定床反应器的缺点是黏性的燃料或污泥等湿物料需要进行预处理才能进入反应器。预处理过程一般包括烘干和进一步粉碎等。另外，由于反应器内气流未上行，温度低，含有焦油等成分，容易堵塞汽化部分管道。

4.2.3.2　流化床型热解系统

在流化床中，气体与燃料同流向接触，由于反应器中气体流速很高，可以使固体废物颗粒处于悬浮状态，废物颗粒反应性能更好、速度快。流化床反应器要求物料颗粒本身可燃性好，反应温度应严格控制，以防止灰渣熔融结块。流化床反应器如图 4-2-2 所示。

流化床反应器适应于含水量高或含水量波动大的废物燃料。设备尺寸比固定床小，但反应器热损失大，气体不仅带走了大量的热量，而且也带走了较多的未反应的固体燃料粉末。

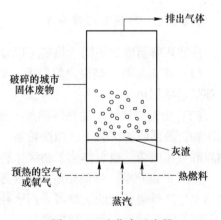

图 4-2-2　流化床反应器

4.2.3.3　回转窑式热解系统

回转窑是一种间接加热的高温热解反应器。其主要设备是一个微倾斜的圆筒，它可以慢慢旋转，使废物移动通过蒸馏容器达到卸料口。分解反应所产生的气体一部分在蒸馏容器外壁与燃烧室内壁之间的空间燃烧，用来加热废料。这类反应器产生的可燃气体热值较高，可燃性好。回转窑式反应器如图 4-2-3 所示。

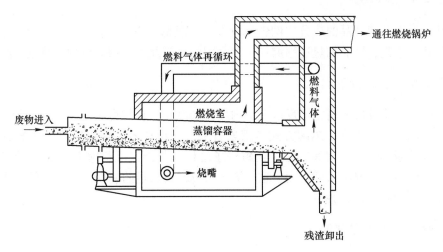

图 4-2-3　回转窑式反应器

4.2.3.4　高温熔融炉热解系统

预热空气将烟尘带至汽化炉燃烧、热分解，并产生能够使惰性物质达到熔融的高温。运用该方法，垃圾无须预处理，直接用抓斗装入炉内。物料从上向下下沉时受逆向高温气流加热、干燥、热分解成为炭黑，最后，炭黑燃烧成为一氧化碳与二氧化碳，惰性物质熔融成熔渣。

高温废气的 15% 用以预热空气，85% 供废热锅炉。由于高温，使铁、玻璃等惰性物质熔融成为熔渣，连续落入水槽急冷，呈现黑色豆粒状熔块，可以作为建筑骨料或碎石代用品，其量值仅占垃圾总量的 3%~5%。

该方法的优点是不需要炉床，没有炉床损伤问题。

4.2.4　热解的主要影响因素

影响热解过程的主要因素有温度、湿度、加热速率和反应时间等。另外，固体废物的成分、反应器的类型及作为氧化剂的空气供氧程度等都对热解反应过程产生影响。

4.2.4.1　温度

反应器的关键控制变量是热解温度。热解产品的产量和成分可由控制反应器的温度来有效地改变。从热解开始到结束，有机物都处在复杂的热裂解过程中，不同的温度区间进行的反应过程不同，产出物的组成也不同。

4.2.4.2　湿度

热解过程中湿度的影响是多方面的，主要表现为影响产气的产量和成分、热解的内部化学过程以及整个系统的能量平衡。另外，水分对热解的影响还与热解的方式甚至具体的反应器结构相关。

4.2.4.3　加热速率

加热速率对热解产品的成分比例影响较大。一般情况下，在较低和较高加热速率下，产品中气体含量高；随着加热速率增加，产品中的水分及有机物液体的含量逐渐减少。

4.2.4.4　反应时间

反应时间是指反应物料完成反应在炉内停留的时间，它与物料尺寸、物料分子结构特性、反应器内的温度水平、热解方式等因素有关，并且它还会影响热解产物的成分和总量。物料尺寸越小，反应时间越短；物料分子结构越复杂，反应时间越长；反应温度越高，反应物颗粒内外温度梯度越大，这就会加快物料被加热的速度，反应时间缩短。反应物的浓度与反应时间也有关系。

4.2.5　典型固体废物的热解

4.2.5.1　城市垃圾的热解

随着工业的发展、人民生活水平的提高，城市垃圾中的可燃组分日趋增长，纸张、塑料及合成纤维等占有很大比例。因此，日本和美国结合本国城市垃圾的特点开发了许多工艺，有些已达到实用阶段。我国的城市垃圾不同于日本与美国，这些工艺能否适用于我国有待研究。

主要热解工艺如下：

（1）移动床热解工艺。经适当破碎除去重组分的城市垃圾从炉顶的气锁加料斗进入热解炉，从炉底送约 600℃ 的空气-水蒸气混合气，炉子的温度由上到下逐渐增加。炉顶为预热区，依次为热分解区和气化区。垃圾经过各区分解后产生的残渣经回转炉栅从炉底排出。空气-水蒸气与残渣换热，排出的残渣温度接近室温，热解产生的气体从炉顶出口排出。炉内的压力为 7kPa。生成的气体含 N_2 43%，H_2O 和 CO 均为 21%，CO_2 12%，CH_4 1.8%，C_2H_6 和 C_2H_4 在 1% 以下。由于含大量的 N_2，热值非常低，约为 3770~7540kJ/m³（标态）。

（2）双塔循环式流动床热解工艺。该工艺的特点是热分解及燃烧反应分别在两个塔中进行，热解所需要的热量，由热解生成的固体炭或燃料气在燃烧塔内燃烧来供给。惰性的热媒体（砂）在燃烧炉内吸收热量并被流化气鼓动成流态化，经连接管到热分解塔与垃圾相遇，供给热分解所需的热量，再经连接管返回燃烧炉内，被加热后再返回热解炉。受热的垃圾在热分解炉内分解，生成的气体一部分作为热分解炉的流动化气体循环使用，一部分为产品。

双塔循环式的特点是：1）热分解的气体系统内，不混入燃烧废气，提高了气体热值，热值为 17000~18900kJ/m³；2）炭燃烧需要的空气量少，向外排出废气少；3）在流化床内温度均匀，可以避免局部过热；4）由于燃烧温度低产生的 N 已少，特别适于处理含热塑性材料多的垃圾热解。

（3）纯氧高温热分解法。垃圾由炉顶加入并在炉内缓慢下移。纯氧从炉底送入首先到达燃烧区，参与垃圾燃烧。垃圾燃烧产生的高温烟气与向下移动的垃圾在炉体中部相互作用，有机物在还原状态下发生热解。热解气向上运动穿过上部垃圾层并使其干燥。最后，烟气离开热解炉到净化系统处理回收。产生的气体主要有 CO、CO_2、H_2，约占烟气量的 90%。此外，还有玻璃、金属等熔融体。

根据实验表明，产生的气体（体积分数）组分为 CO 47%，H_2 33%，CO_2 14%，CH_4 4%，低发热值为 $1.1 \times 10^4 kg/m^3$（标态），每吨垃圾所得热量为 $7.3 \times 10^6 kJ$，产生气体量为 0.7t，熔融玻璃、金属 0.22t，消耗纯氧量为 0.2t/t 垃圾。

该法的特点是不需前处理，流程简单，有机物几乎全部分解，分解温度高达 1650℃。由于不是供应空气而是采用纯氧，故 NO_x 产生量极少。主要问题是能否提供廉价的纯氧。

4.2.5.2 农业固体废物的热解

农业固体废物中存在大量的脂肪、蛋白质、淀粉和纤维素，也可以经过热解得到燃料油与燃料气。早在 20 世纪 50 年代，我国就从农业的废玉米芯中提取糠醛，作为化工原料。我国农机科学院设计的小型热解气化炉，可用于部分农业固体废物的热解。

4.2.5.3 污泥的热解

污泥与干燥过的一部分污泥在搅拌器中混合进入干燥器中干燥，然后送入热解炉。从干燥器出来的气体在冷水塔中经冷却凝缩去水后可作为燃烧气在燃烧室中使用。热解产生的气体经冷却后可回收油品或热量。

近几年，国外固体废物的热解另一发展是将城市垃圾和含可燃组分的工业垃圾与污泥进行联合热解，这样可以更有效地回收热能。自 1971 年以来，西欧、美国相继建立了一些联合处理装置。

 ## 习题与思考

（1）生活垃圾焚烧后其产物包括哪些？这些产物是如何形成的？
（2）焚烧炉中烟气和残渣分别由什么成分组成？
（3）影响焚烧的因素有哪些？
（4）影响热解的因素有哪些？
（5）试比较焚烧和热解有何异同。
（6）试述几种典型固体废物的热解工艺和特点。

项目 5 固体废物生物处理技术

固体废物的生物处理是利用微生物群落或游离酶对有机废物中的生物物质的氧化、分解作用，消除其生物活性，使之稳定化、无害化的过程。其降解产物可以作为燃料、农肥和其他原料而加以利用。利用微生物的作用处理固体废物，其基本原理是利用微生物的生物化学作用，将复杂有机物分解为简单物质，将有毒物质转化为无毒物质。

可以进行生物处理的原料种类很多，包括城市生活垃圾、禽畜粪便、污泥、农林废物泔脚和食品废物等。

（1）城市生活垃圾。城市生活垃圾主要产自城市居民家庭、城市商业、餐饮业、旅馆业、旅游业、服务业、市政环卫业、交通运输业、文教卫生业和行政事业单位、工业企业单位以及水处理污泥等。城市生活垃圾的主要特点是成分复杂，有机物质含量丰富，是堆肥微生物赖以生存、繁殖的物质条件，是良好的堆肥原料。垃圾堆肥化处理技术是将垃圾露天堆积，表面用土壤覆盖在厌氧或自然通风的条件下进行发酵，得到的产品简单筛分后用于农肥。这种堆肥法虽然存在设备简陋、发酵周期长、产品腐熟度和均匀性较差等缺点，但投资少、操作简单，可以有效地吸纳垃圾。

（2）禽畜粪便。家禽粪便是家禽动物中未被吸收的食物残渣部分。粪便中含有食物中不消化的纤维素、结缔组织、上消化道的分泌物，如黏液、胆色素、黏蛋白、消化液、消化道黏膜脱落的残片、上皮细胞和细菌。禽畜粪便也是一种重要的生物质能源。除在牧区有少量的直接燃烧外，禽畜粪便主要是作为沼气的发酵原料以及堆肥的原料。中国主要的禽畜是鸡、猪和牛，根据这些禽畜品种体重、粪便排泄量等因素，可以估算出粪便资源量。在粪便资源中，大中型养殖场的粪便是更便于集中开发、规模化利用的。我国目前大中型牛、猪、鸡场约 6000 多家，每天排出粪尿及冲洗污水 80 多万吨，全国每年粪便污水资源量 1.6 亿吨，折合 1156.5 万吨标煤。

（3）污泥。污泥是污水处理过程中产生的固体沉淀物质。由于各类污泥的性质变化较大，分类是非常必要的，其处理和处置也是不尽相同的。在非特指情况下，污泥一般是指市政排水污泥。污泥的特性是有机物含量高、容易腐化发臭、颗粒较细、密度较小、含水率高且不易脱水，是呈胶状结构的亲水性物质，便于用管道输送。如初沉池与二沉池排出的污泥。

（4）农林废物。农林废弃物是农业生产、农产品加工、畜禽养殖业和农村居民生活排放的废弃物的总称。农业废弃物如果任意排放不仅造成对农村生活环境的污染，而且会污染农业水源，影响农产品的品质，危害农业生产，传染疾病，影响居民健康。农业废弃物主要是有机物，若处理得当，多层次合理利用农业废弃物，可成为重要的有机肥源，是当今生态农业研究和推广的重要内容之一。

（5）泔脚和食品废物。泔脚有机质含量非常高，含水率高，油脂多，盐分含量高，不可堆腐的惰性物质和其他杂质少，极易因发酵而变臭。食品废物是人们在买卖、储藏、加工和食用各种食品的过程中产生的易腐烂的垃圾，是城市生活垃圾的主要成分。随着人们生活水平的提高，食品消费的种类和数量越来越多，餐饮业也迅猛发展，导致食品垃圾产生量迅速增加。据统计，2000 年我国食品垃圾产生量为 4500 万吨，深圳市食品垃圾日产生量达 1680 吨，上海市日产生量约为 1300 吨，北京城市垃圾中有机废物占 65%。食品垃圾不仅量多且增长速度快，更重要的是它含水量大、易腐烂发臭和传播病菌，因此，将厨余物从混合垃圾中分离出来单独处理，具有十分重要的意义。

常见的可生物降解处理的废弃物见表 5-1-1。

表 5-1-1　可生物降解处理的废弃物

废物种类	主　要　来　源
城镇废物	主要有污水处理厂剩余污泥和有机生活垃圾
工业废物	主要包括含纤维素类废物、高浓度有机废水、发酵工业残渣（菌体及废原料）
畜牧业废物	主要指禽畜粪便
农林业废物	主要指植物秸秆，如稻麦的秸秆、壳、蔗渣、棉壳、向日葵壳、玉米芯、油茶壳等
水产废物	主要指海藻、鱼、虾、蟹类加工后的废物
泥炭类	包括褐煤和泥类

固体废物的生物处理作用主要体现在以下 4 个方面：

（1）稳定化和杀菌消毒作用。废物中的有机物转化为水和二氧化碳、甲烷、氨气、硫化氢等气体以及性质稳定的难降解的有机物，可达到稳定化的效果，而且其产物不会对环境造成污染。另外，有机物分解过程中厌氧环境以及反应热导致的高温过程，可起到杀菌作用，实现废物的无害化处理。

（2）废物减量化。废物经过生物处理后，有机物可以减少 30%~50%，减量化效果尤其显著。

（3）回收能源。生物质蕴含着巨大的潜在能源，利用生物技术使之转化为可以直接利用的能源。

（4）回收物质。如生产堆肥化产品，还有纤维素水解生产化工原料和其他生物制品，养殖蚯蚓生产生物蛋白以及生物制氢回收利用氢气技术等。

任务 5.1　固体废物的好氧堆肥技术

学习目标

（1）掌握好氧堆肥原理；

（2）熟悉好氧堆肥的影响因素；

（3）了解好氧堆肥工艺及设备。

堆肥化就是在一定的人工控制条件下，利用自然界广泛分布的细菌、真菌、放线菌等微生物，促进可被生物降解的有机物向稳定的腐殖质转化的生物化学过程。根据堆肥过程微生物对氧的需求，可简单将其分为好氧堆肥和厌氧堆肥两种类型。

好氧堆肥是在一定供氧条件下，利用好氧微生物的分解作用，最终将有机物分解成二氧化碳和水，同时放出热量。堆肥是一种有机肥料，所含营养物质比较丰富，且肥效长而稳定，同时有利于促进土壤固粒结构的形成，能增加土壤保水、保温、透气、保肥的能力，而且与化肥混合使用又可弥补化肥所含养分单一，长期单一使用化肥使土壤板结，保水、保肥性能减退的缺陷。堆肥是利用各种植物残体（作物秸秆、杂草、树叶、泥炭、垃圾以及其他废弃物等）为主要原料混合人畜粪尿经堆制腐解而成的有机肥料。由于它的堆制材料、堆制原理和其肥分的组成及性质与厩肥相类似，所以又称人工厩肥。厌氧堆肥通常以农作物秸秆及人畜粪便为原料堆沤还田，依靠厌氧微生物的分解作用，完成有机物的矿化及腐殖化过程，基本上属于厌氧堆肥类型。其特点是：堆肥时间长，厌氧分解温度低，堆内有害病菌不能被全部杀死，分解时产生浓烈臭味，堆肥规模小，仅限于以家庭为单元。然而，由于其操作简单，在分解过程中有机碳及氮素保留较多，而在农村普遍使用。

5.1.1　好氧堆肥原理

　　好氧堆肥是指在有氧条件下，好氧菌对有机废物进行吸收、氧化、分解的生化过程。在堆肥过程中微生物通过自身的生命活动——氧化还原和生物合成作用，把一部分被吸收的有机物氧化成简单的无机物，同时释放出供微生物生长活动所需的能量，把另一部分有机物转化合成为新的细胞质，使微生物不断生长繁殖，产生更多的生物体。堆肥过程如图 5-1-1 所示。

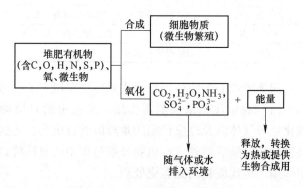

图 5-1-1　有机物的好氧堆肥过程

　　在堆肥过程中，有机物生化降解时会产生热量，若这些热量大于向环境的散热，就必然导致堆肥物料的温度升高，短期内就可达到 60~80℃，然后逐渐降温而达到腐熟化。好氧堆肥过程是一系列微生物活动的复杂变化过程，参与有机物生化降解的微生物主要有嗜温菌和嗜热菌两种，嗜温菌最适宜温度为 25~40℃，嗜热菌最适宜温度为 40~50℃。

5.1.1.1　好氧堆肥过程温度变化规律

　　按照好氧堆肥过程中温度变化关系，好氧堆肥过程大致可以分为中温阶段、高温阶段和降温阶段三个阶段，如图 5-1-2所示。

　　A　中温阶段
　　中温阶段又称为升温阶段或产热阶段，堆肥初期嗜温菌分解有机物中易分解的糖类、淀粉和蛋白质等产生能量，使堆层温度迅速上升。此阶段堆层温度在 15~45℃，细菌和丝状真菌等嗜温菌生命力旺盛。

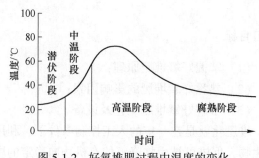

图 5-1-2　好氧堆肥过程中温度的变化

B 高温阶段

当温度超过 45℃时，常温菌受到抑制，活性逐渐降低，呈孢子状态或死亡，此时嗜热性微生物逐渐代替了常温性微生物的活动。有机物中易分解的有机质除继续被分解外，大分子的半纤维素、纤维素等也开始分解，温度可高达 60~70℃，称为高温阶段。在温度上升过程中，嗜热性微生物的类群和种群是互相接替的。通常在 50℃左右最活跃的是嗜热性真菌和放线菌；当温度升高到 60℃时，真菌几乎完全停止活动，仅有嗜热性放线菌和细菌活动；当温度上升到 70℃以上时，大多数嗜热性微生物已经不再适应，微生物大量死亡或进入休眠状态。

C 降温阶段

堆肥过程在持续高温一段时间后，易分解的或较易分解的有机物已大部分分解，剩下的是难分解的有机物和新形成的腐殖质。此时，微生物活动能力减弱，产生的热量减少，温度逐渐下降，常温微生物又成为优势菌种，残余物质进一步分解，堆肥进入降温和腐熟阶段。

5.1.1.2 好氧堆肥微生物

好氧堆肥过程中的微生物来自有机固体废物和人工加入两个方面。

A 有机垃圾固有的微生物种群

在有机固体废物中（如城市生活垃圾、食品废物、禽畜粪便）含有大量天然微生物，主要包括细菌、真菌、放线菌等。这些微生物以有机固体废物为食，利用固体废物降解过程中释放出的能量供自身成长，是堆肥过程中的主要微生物种群。但是，由于固体废物成分复杂，微生物种类和数量分布不均匀，在堆肥过程中不能够起到主导作用，往往需要进行驯化。

B 人工加入的特殊菌种

为了使堆肥过程顺利进行，减少堆肥时间，提高堆肥的效率，往往在堆肥过程中需要加入经过人工驯化后的特殊菌种。

5.1.2 好氧堆肥影响因素

好氧堆肥过程是利用好氧微生物分解有机物的过程，所以影响好氧微生物生长、繁殖的因素都会影响堆肥的过程，归纳起来主要包括物理因素和化学因素两方面的影响。

5.1.2.1 物理因素

物理因素的影响主要包括温度、颗粒尺寸以及固体废物含水率的影响。

A 温度

温度是堆肥过程中很重要的工艺指标。温度主要影响堆肥过程中微生物的种群和数量。不同的温度条件下，就会有不同种属、不同数量的微生物，它们对各种有机物的分解能力也不同。每一种微生物都有自己适宜生存的温度范围，温度直接影响微生物分解有机物的速度。堆肥最适宜温度为 55~60℃，温度越低微生物的活性越低。40℃左右的活性只有最适温度活性的 2/3 左右，而 70℃以上微生物呈孢子状态，微生物的活性急速降低。

堆肥初期，堆体温度一般与环境温度一致，但是随着微生物分解有机物的进行，堆体温度逐渐上升。随着温度的升高，一方面加速分解有机物的过程；另一方面也可以杀死虫卵、致病菌以及杂草子等，使堆肥产品质量提高，能够更安全地应用于农业生产。

B　颗粒尺寸

固体废物的颗粒尺寸对堆肥过程也会产生影响。颗粒尺寸的影响主要体现在对通风供氧的影响，因为堆肥过程中供给的氧气是通过颗粒之间的空隙分布到物料内部的。堆肥的固体废物颗粒尺寸应该尽可能小，才能使空气与固体颗粒有较大的接触面积，使好氧微生物更快分解有机物。但是，如果颗粒尺寸过小，容易造成厌氧条件，不利于好氧微生物的生长繁殖。在堆肥前应该对固体废物进行破碎和分选操作，去除不可堆肥的物质，使固体废物的颗粒尺寸达到均匀化。

C　含水率

水分是维持微生物生长的基本条件之一，水分含量多少也直接影响堆肥发酵速率和腐熟程度，是影响好氧堆肥的关键因素。水分是微生物细胞的重要组成部分，是微生物进行生命活动不可缺少的物质基础。微生物只能吸收、利用溶解性养料，离开水微生物将无法生存。

在理论上，微生物的代谢活动是水分越高越好，但是水分过多，发酵物料的空隙间都充满水，使空隙率大大减少，空气不能渗透到物料堆积层内部。供氧量减少，甚至造成厌氧状态，使发酵速度和温度降低；相反，水分过少，也会妨碍微生物的活性及增殖，使分解速度变低。当含水率低于 40% 时，微生物的活性开始下降；当含水率低于 20% 时，微生物的生命活动基本停止；当含水率高于 70% 时，堆肥温度难以上升，有机物分解速率降低，堆肥体通风困难，迅速造成厌氧状态。因此，水分过多或过少对堆肥过程都是不利的，堆肥原料的适当含水率一般为 50% ~ 65%。

合适的堆肥原料含水率与原料的组成有关。一般可以根据物料中各种成分的极限含水率计算出堆肥物料的极限含水率，再估算该物料的堆肥适宜含水率。极限含水率是指固体颗粒本身所能持有的最大含水率，不包括堆层颗粒与颗粒之间空隙中的水分。有机物堆肥的含水率控制在物料极限含水率的 60% ~ 80% 为最适宜。

5.1.2.2　化学因素

影响堆肥过程的化学因素主要包括碳氮比、供氧量、营养平衡和 pH 值等。

A　碳氮比

堆肥原料中的碳氮比是影响堆肥微生物对有机物分解的重要因子之一。碳是堆肥化反应的能量来源，是组成细胞蛋白质的骨架，又是组成细胞多糖、荚膜、储藏物质的原料，也是微生物所需能量的来源。氮是组成细胞蛋白质、核酸等物质的重要成分，是微生物的主要营养来源，也是控制生物合成的重要因素。微生物体的碳、氮元素比率大约是 5 ~ 10，平均 5 ~ 6。一般碳氮比控制在 25 ~ 30 左右。如果碳氮比过大，微生物增殖时由于氮不足而受限制，有机物分解速度变得缓慢，堆肥需要更长的时间。如果碳氮比过低、氮过量，堆肥过程产生的 NH_3 不仅影响环境而且造成肥效成分氮的损失。

调整碳氮比的方法是加入人粪尿、牲畜粪尿以及城市污泥等，或者在碳氮比高的物料中掺杂一些碳氮比低的物料，使碳氮比控制在适当的范围内。表 5-1-2 给出了一些常见物料的碳氮比值。

表 5-1-2 常见有机废物的碳氮比

物质名称	碳氮比
稻草、稻壳、秸秆	70~100
木屑	200~1700
树皮	100~350
牛粪	8~26
猪粪	7~15
鸡粪	5~10
污泥	6~12
杂草	12~19
厨余	20~25

B 供氧量

氧气是堆肥过程中有机物降解和微生物生长所必需的物质。保证较好的通风条件，提供充足的氧气是好氧堆肥过程正常运行的基本保证。堆肥生化反应需要大量的氧气，氧的消耗量与有机物的氧化量成正比，有机物氧化分解激烈的阶段所需的供气量更大。同时，排气又可将堆层中的热量和水分带出，因此向堆层的供气量必须综合考虑各种因素。

在堆肥化过程中氧的供应是限制发酵速率的主要因素。因此，通风是堆肥工艺系统设计的中心问题。通常用两种方法来保证氧的供应：第一种方法是通过定期搅动来更新堆肥物料间的孔隙，允许空气自然通过，以满足好氧微生物的需氧量。第二种方法是采用强制通入的方法。通过采用鼓风或者通过堆肥物料的引风方式为好氧微生物提供氧气。普遍认为发酵温度在 55℃时，氧气浓度以 5%~15%为宜，而强制通风量应控制在 1.5~2.0m³/（min·t）（干泥），而在堆肥后期还要增加通风量，以减少臭气，尽快降低堆肥的温度。

C 营养平衡

营养物质平衡对微生物的生长有直接的影响。通常情况下 N、P 含量及比例非常关键。磷是微生物必需的营养元素，是磷酸和细胞核的重要元素，也是生物能 ATP 的重要组成部分。一般要求堆肥原料的碳磷比为 75~150。

D pH 值

pH 值是微生物生长的一个重要的环境条件。堆肥有机物原料的 pH 值一般在 5~8 的范围内，不会对堆肥过程产生影响。在堆肥过程中，堆肥物料的 pH 值会随发酵阶段的不同而变化，但其自身有调整 pH 值的能力，能够使 pH 值稳定在可以保证好氧分解的酸碱度水平，因此堆肥物料一般不需调节 pH 值。而用石灰脱水的污水处理厂污泥，因 pH 值在 11~12 之间，呈强碱性，这样的污泥直接堆肥时会发生问题，可掺入成品堆肥，使其pH 值下降后再堆肥。但不论堆肥的原料如何，堆肥结束时的 pH 值几乎都在 8.5 左右，所以也有人以 pH 值作为堆肥完成与否的指标。

5.1.3 好氧堆肥工艺

5.1.3.1 好氧堆肥基本工艺过程

现代化的好氧堆肥过程一般是由前处理、一次发酵、二次发酵、后处理、脱臭及贮存等工序组成。

A　前处理

堆肥处理的废物多种多样，除适宜于堆肥的有机组分外，可能还含有微生物不能降解的无机组分，以及对堆肥微生物或对堆肥产品质量有影响的有毒物质及重金属成分，因此，必须通过筛分、破碎、分选等手段预先加以去除。通过破碎、筛分、分选还可使堆肥原料和含水率达到一定程度的均匀性，使原料的表面积增大，便于微生物繁殖，从而提高发酵速度。原料破碎的粒径越小，表面积越大，但并不是要求堆肥原料粒径越小越好，在考虑表面积的同时，还要考虑破碎的能量消耗及原料的孔隙率，以保持良好的供氧条件，即堆层的通气性。此外，堆肥原料还要求有一定的水分和适宜的碳氮比，不是所有用于堆肥的原料都符合这些要求的，因此，在堆肥发酵处理之前，必须通过预处理来进行调整。

B　一次发酵

一次发酵又称为主发酵，既可以在露天堆积，通过翻堆或强制通风等形式向堆层内供给空气；也可以在发酵仓内，通过强制通风和翻堆搅拌来供给空气。堆肥原料在有氧存在的情况下好氧微生物首先分解易分解物质，产生二氧化碳和水，同时产生能量，使堆层温度上升。这时微生物摄取有机物的碳、氮等营养成分合成细胞物质，自身繁殖的同时将细胞中摄取的物质分解而释放能量。

一次发酵的时间长短因堆肥原料和发酵装置而不同，城市垃圾一般在 3~8 天。好氧堆肥过程中，主要包括碳水化合物、纤维素、蛋白质、脂肪等复杂有机物的分解过程。

C　二次发酵

二次发酵又称为后发酵或熟化。未腐熟的堆肥如果使用于农田，会对植物生长产生阻碍作用。经一次发酵的堆肥有必要进一步进行熟化，使一次发酵尚未分解的易分解及较难分解的有机物进一步分解，使之变成腐殖酸、氨基酸等比较稳定的有机物，得到完全腐熟的堆肥。

二次发酵一般是把物料堆积到 1~2m 高，靠自然通风、翻堆或适当通风以供给空气。因二次发酵不像一次发酵那样需供给大量空气，因此通风量或通风次数比一次发酵大大减少，二次发酵的时间依主发酵和使用情况而异，通常在 2~30 天。

D　后处理

经过一次发酵或二次发酵后，有机物基本都稳定，颗粒进一步变小，原先在前处理中没有被分出的塑料、玻璃、金属、砖石等在堆肥中不能分解的废物在此进一步分离就变得很容易，对提高堆肥产品质量也很有好处。此外，为了满足作为肥料的要求，还需对堆肥进一步粉碎，以达到堆肥对颗粒大小的要求。农作物对堆肥的需求有季节性，因此为了保证工厂生产的连续性，对堆肥产品需有一次贮存的场所。

E　脱臭

有些堆肥工艺过程中常伴有臭气产生，主要为氨、硫化氢、甲基硫醇、胺类等。除臭方法主要有生物除臭法、化学除臭剂除臭、溶液吸收法、活性炭等吸附剂吸附法。在露天堆肥时，可在堆肥表面覆盖熟堆肥，以防止臭气逸散。较为常用的除臭装置是堆肥过滤器和生物过滤器。

F　贮存

堆肥一般在春秋两季使用，在夏冬两季生产的或暂时不能用上的堆肥只能贮存。贮存方式可直接堆放在发酵池中或袋装，要求干燥透气保存，密闭和受潮则会影响制品的质量。

5.1.3.2　典型好氧堆肥方法与设备

A　堆肥的方法

典型的好氧堆肥方法主要包括静态好氧堆肥、间歇式好氧动态堆肥、连续式好氧动态堆肥等几种。

a　静态好氧堆肥

静态好氧堆肥常采用露天的静态强制通风垛的形式，或在密闭的发酵池、发酵箱、静态发酵仓内进行。一批原料堆积成条垛或置于发酵装置内，不再添加新料，不再翻倒，直到堆肥腐熟后运出。由于堆肥物料一直处于静止状态，导致物料及微生物生长不均匀，尤其是对有机物含量高于 50% 的物料，静态强制通风比较困难，容易造成厌氧状态，使发酵周期延长，堆肥效果受到限制。

b　间歇式好氧动态堆肥

间歇式好氧动态堆肥采用静态一次发酵的技术路线，一次发酵仓底部每天均匀出料一层，发酵仓顶部每天进料一层，仓内发酵垃圾沉降翻滚一次，新鲜垃圾入仓发酵升温快，使第三层垃圾始终置于温度最高的中间层。发酵仓内一直保持一定的温度、湿度、空隙，适合于各种微生物菌种的大量繁殖，使每天新加的垃圾得到迅速发酵分解。底层已经熟化的垃圾及时输出，缩短了发酵周期。其特点是发酵周期短、处理工艺简单、发酵仓数量少。一般间歇式好氧动态堆肥仅需要 5 天，发酵仓也比静态好氧堆肥减少一半。间歇式发酵装置有长方形池式发酵仓、倾斜床式发酵仓、立式圆筒形发酵仓等。

c　连续式好氧动态堆肥

连续式好氧动态堆肥采取连续进料和连续出料的方式。主体设备是一个倾斜的卧式回转窑，加入料斗的物料经过料斗底部的给料机输送到磁选机去除金属物质，由给料机供给低速旋转的发酵仓，在发酵仓内物料随着转筒的连续旋转而不断被提升，借助于自重落下，物料被均匀翻倒而与供给的空气接触，并借微生物的作用进行发酵，连续数日后成为堆肥排出仓外，经过振动筛分，去除玻璃等杂质后成为堆肥产品。发酵过程中产生的废气通过转筒上端的出口向外排放。

B　好氧堆肥设备

堆肥设备是指堆肥物料进行生化反应的反应装置，是整个堆肥系统的核心和主要组成部分。堆肥设备必须具有改善和促进微生物新陈代谢的功能，通过运用翻堆、供氧、搅拌、混合和协助通风等设备来控制温度和含水率，并解决自动移动出料的问题，最终达到提高发酵速率、缩短发酵周期的目的。

堆肥设备的种类繁多，根据设备结构形式的不同大致可分为立式堆肥发酵塔、卧式堆肥发酵滚筒、筒仓式堆肥发酵仓、箱式堆肥发酵池和条垛式发酵设备等类型。

（1）立式堆肥发酵塔通常由 5~8 层组成，内外层均由水泥或钢板制成。经分选后的可堆肥物料由塔顶进入塔内，在塔内堆肥物料通过不同形式的搅拌翻动，逐层由塔顶向塔底移动，最后由最底层出料。一般经过 5~8 天完成一次堆肥。塔内温度由上层至下层逐渐升高，最下层温度最高。通常以风机强制通风对塔内进行供氧，以满足微生物对氧的需求。立式堆肥发酵塔通常为密闭结构，堆肥时产生的臭气能较好地进行收集处理，因此其环境条件比较好，此外，立式堆肥发酵塔具有处理量大、占地面积小等优点，但其一次性投资较高。

（2）卧式堆肥发酵滚筒又称达诺式发酵滚筒，废物在筒体内表面的摩擦力作用下，沿旋转方向提升，同时借助自重落下，通过如此反复升高、跌落，可充分地调整物料的温度、湿度，同时废物被均匀地翻倒而与供入的空气接触达到与曝气同样的效果。物料在翻转的同时在微生物的作用下进行堆肥发酵，而随着螺旋板的拨动以及由于滚体倾斜的原因，滚筒中的旋转物料又不断由入口端向出口端移动，物料随着滚筒旋转而不断的落下，以至新鲜空气不断进入，臭气不断被抽走，充分保证微生物好氧的条件。最后经双层金属网的分选，得到一次发酵的粗堆肥。因此，卧式堆肥发酵滚筒具有自动稳定地供料、传送并排出堆肥物的功能，此设备结构简单，可采用较大粒度的物料，应用范围较广。

（3）筒仓式堆肥发酵仓的结构相对比较简单，为单层圆筒状或矩形状，发酵仓深度为 4~5m，大多采用钢筋混凝土构筑。其上部有进料口和散刮装置，下部有螺杆出料机，发酵仓内的供氧均采用高压离心风机强制鼓风，空气一般通过布置在仓底的蜂窝状散气管进入发酵仓。堆肥原料由仓顶进入，其好氧发酵的时间一般是 6~12 天以上，初步腐熟的堆肥由仓底通过出料机出料。根据堆肥在筒仓内的运动形式不同，筒仓式发酵仓可分为静态与动态两种。

（4）箱式堆肥发酵池的种类很多，应用也很普遍，主要有矩形固定式犁翻倒发酵池、戽斗式翻倒式翻倒发酵池、卧式桨叶发酵池和卧式刮板发酵池四种类型。

（5）条垛式发酵设备就是将物料铺开排成行，在露天或棚架下堆放，每排物料堆宽 4~6m，高 2m 左右，堆下可配有供气通气管道，也可不设通风装置，根据实际情况采用不同的翻堆发酵设备。

任务 5.2 固体废物的厌氧发酵技术

学习目标

（1）掌握厌氧发酵原理；

（2）熟悉厌氧发酵影响因素；

（3）了解厌氧发酵工艺及设备。

从环境污染治理的角度来说，发酵技术是指以废水或固体废弃物中的有机污染物为营养源，创造有利于微生物生长繁殖的良好环境，利用微生物的异化分解和同化合成的生理功能使得这些有机污染物转化为无机物质和自身的细胞物质，从而达到消除污染、净化环境的目的。

厌氧发酵也称为厌氧消化，是一种普遍存在于自然界的微生物过程。有机物经过厌氧发酵分解产生 CH_4、CO_2 和 H_2S 等气体。厌氧发酵可以去除废物中的 30%~50% 的有机物并使之稳定。20 世纪 70 年代初，由于能源危机和石油价格上涨，许多国家开始寻找新的替代能源，使得厌氧发酵技术显示出其优势。

厌氧发酵技术具有以下特点：

（1）厌氧发酵过程生产全过程封闭、可控制；

（2）可以将固体废物有效资源化，将生物能量转换为沼气进行利用；

（3）不需要通风，设备简单，运行成本低；

（4）经过厌氧发酵后的废物基本上保持稳定，可以作为农肥、饲料或堆肥化的原料，产物可以再利用；

（5）厌氧发酵可以杀死传染性病原菌；

（6）厌氧发酵过程中会产生少量的硫化氢等恶臭性气体；

（7）厌氧微生物生长速率较低，常规方法处理效率低，设备体积庞大，占地面积大。

5.2.1 厌氧发酵原理

由于厌氧发酵的原料来源复杂，参与的微生物种类繁多，使得反应过程非常复杂，中间反应及中间产物有数百种之多，每种反应都是在酶或其他物质的催化作用下进行的，总的反应可以表示为：

$$\text{有机物} + H_2O + \text{营养物质} \xrightarrow{\text{厌氧微生物}} \text{细胞物质} + CH_4\uparrow + CO_2\uparrow + NH_3\uparrow + H_2\uparrow + H_2S\uparrow + \text{抗性物质} + \text{热量}$$

发酵微生物参与的生化反应主要受两方面因素的制约：一方面是基质的组成及浓度，另一方面是代谢产物的种类及后续生化反应的进行情况。

5.2.1.1 厌氧发酵过程

厌氧发酵过程可以划分为液化阶段、产酸阶段和产甲烷阶段三个阶段，每个阶段都有独特的微生物菌群起作用。具体过程如图 5-2-1 所示。

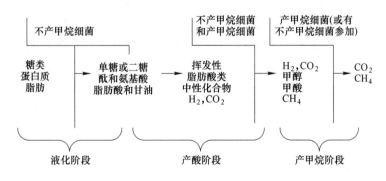

图 5-2-1 有机物的厌氧发酵过程

A 液化阶段

液化阶段也称为水解阶段，不溶性大分子有机物（如蛋白质、纤维素、淀粉、脂肪等）经水解酶的作用，在溶液中分解为水溶性的小分子有机物（如氨基酸、脂肪酸、葡萄糖、甘油等）。随之，这些水解产物被发酵细菌摄入细胞内，经过一系列生化反应，将代谢产物排出体外，由于发酵细菌种群不一，代谢途径各异，故代谢产物也各不相同。

高分子有机物的水解速率很低，它取决于物料的性质、微生物的浓度以及温度、pH值等环境条件。纤维素、淀粉等水解为单糖，蛋白质水解为氨基酸，再经过脱氨基作用形成有机酸和氨，脂肪水解后形成甘油和脂肪酸。

　　B　产酸阶段

　　在液化阶段产生的代谢产物大多数不能够被产甲烷菌直接利用，需要通过产氢和产酸细菌将长链脂肪酸分解为乙酸和氢气才能被产甲烷菌吸收利用。

　　C　产甲烷阶段

　　在产甲烷阶段，甲烷菌利用 H_2、CO_2、乙酸、甲醇、甲胺等化合物为基质，将其转化为甲烷，其中氢气、二氧化碳和乙酸是主要基质。产甲烷阶段的生化反应相当复杂，其中约72%的甲烷来自乙酸，二氧化碳和氢气也能够产生一部分甲烷，少量的甲烷来自其他物质的转化。产甲烷菌活性的大小取决于在水解和产酸阶段所提供的营养物质的多少。

　　对于可溶性有机物而言，产甲烷细菌的生长速率低，对于环境和底物的要求十分苛刻，产甲烷阶段是整个厌氧发酵过程的控制步骤；而对于不溶性高分子有机物为主的污泥、固体废物而言，水解阶段是整个过程的控制步骤。

5.2.1.2　厌氧发酵过程中的微生物群落

　　由于原料的组成和控制发酵的条件千差万别，以及接种物的来源各不相同，致使有关厌氧发酵的微生物种群相差较多。

　　（1）在厌氧发酵系统中，数量最多、作用最大的微生物是细菌，已知的细菌有18属、51种；真菌（丝状真菌和酵母）虽也能存活，但数量很少，作用尚不十分清楚；藻类和原生动物偶有发现，但数量也较少，难以发挥重要作用，特别是在生活垃圾中几乎不存在。

　　（2）细菌以厌氧菌和兼性厌氧菌为主。

　　（3）参与有机物逐级厌氧发酵降解的细菌主要有三大类群，依次为水解发酵细菌、产氢产乙酸细菌、产甲烷细菌。此外，还存在着一种能将产甲烷细菌的一组基质（CO_2/H_2）横向转化为另一种基质（CH_3COOH）的细菌，称为同型产乙酸细菌。

　　针对有机物厌氧发酵三阶段理论，对各阶段的微生物类群进行的研究，发现各自的优势种群并不相同。

　　第一阶段起作用的细菌称为水解发酵细菌，包括纤维素分解菌、蛋白质水解菌。现已发现的有专性厌氧的梭菌属（*Clostridium*）、拟杆菌属（*Bacteriodes*）、丁酸弧菌属（*Eayrivibrio*）、真菌属（*Eubacterium*）、双歧杆菌属（*Bifidobacterium*）、革兰阴性杆菌，兼性厌氧的链球菌和肠道菌。

　　第二阶段起作用的细菌称为产氢产乙酸细菌，只有少数被分离出来。已知的有：为产甲烷菌提供乙酸和氢气的 S 菌株；将第一阶段的发酵产物例如三碳以上的有机物、长链脂肪酸、芳香酸及醇等分解为乙酸和氢气的细菌，如脱硫弧菌等。

　　这两个阶段起作用的细菌统称为不产生甲烷菌。在液化水解阶段，发酵细菌对有机物进行体外酶解，使固体物质变成可溶于水的物质，然后细菌再吸收可溶于水的物质，并将其酶解成为不同产物。

　　第三阶段的微生物群落是两组生理不同的专性厌氧的产甲烷菌群。一组是将氢气和二氧化碳转化为甲烷，另一组是将乙酸脱羧生成甲烷和二氧化碳。

5.2.2　厌氧发酵的影响因素

厌氧发酵过程十分复杂，影响厌氧发酵过程的因素很多，主要包括温度、发酵细菌的营养及营养物比例、混合均匀程度、有毒物质、酸碱度等。

5.2.2.1　温度

根据温度的不同，可把发酵过程分为常温发酵（自然发酵）、中温发酵（28~38℃）和高温发酵（48~60℃）三种类型。常温发酵也称自然发酵、变温发酵，其主要特点为发酵温度随着自然气温的四季变化律而变化，但是沼气产量不稳定，因而转化效率低。一般认为15℃是厌氧消化在实际工程应用中的最低温度。在中温发酵条件下，温度控制恒定28~38℃，因此沼气产量稳定，转化效率高。高温发酵的温度控制在48~60℃，因而分解速度快，处理时间短，产气量高，能有效杀死寄生虫卵，但是需要加温和保温设备，对设备工艺、材料要求高。

甲烷菌对温度的急剧变化比较敏感，中温或高温厌氧发酵允许的温度变化范围为±(1.5~2.0)℃，当有±3℃的变化时，就会抑制发酵速率，有±5℃的急剧变化时，就会突然停止产气，使有机酸大量积累而破坏厌氧发酵，因此，厌氧发酵过程要求温度相对稳定，一天内温度的变化范围在±2℃内。

5.2.2.2　发酵细菌的营养及营养物比例

厌氧发酵的原料必须含有厌氧细菌生存和增殖所必需的 C、N、P 等养分。碳氮比和碳磷比是影响厌氧发酵有效进行的至关重要的因素。大量研究表明，厌氧发酵时碳氮比以（20~30）：1 为宜。碳氮比过低，碳不足，菌体增殖量降低，氮不能被充分利用，过剩的氮变成游离 NH_3，抑制了甲烷菌的活动；碳氮比过高，反应速度降慢，碳氮比为 35：1 时，产气量明显下降。

5.2.2.3　混合均匀程度

物料混合的均匀程度对厌氧发酵过程有很大的影响，通常采用搅拌的方式使物料混合均匀。搅拌的目的，一是使槽内温度均匀；二是使进入的原料与槽内熟料完全混合，让原料与厌氧微生物密切接触；三是防止局部出现酸积累；四是使生物反应生成的硫化氢、甲烷等对厌氧菌活动有阻害的气体迅速排出；五是使产生的浮渣被充分破碎。因此，搅拌是促进厌氧发酵所不可缺少的。常见的搅拌方式有泵循环、机械搅拌、气体搅拌三种。泵循环是利用泵使厌氧槽发酵液产生较强的液体回流；机械搅拌通常采用提升式、叶桨式等搅拌机械；气体搅拌是将厌氧池内的沼气抽出，然后再从池底通入，产生较强的搅拌。

5.2.2.4　添加剂和有毒物质

在发酵过程中添加少量的硫酸锌、磷矿粉、碳酸钙以及炉灰等添加剂，有助于促进厌氧发酵，提高产气量和原料的利用率，其中以添加磷矿粉效果最佳。添加少量的钾、钠、镁、锌等元素也能提高产气率，但也有些化学元素对发酵过程有抑制作用，如当原料中蛋白质、氨基酸、尿素等含氮化合物过多时产生铵盐，抑制甲烷发酵，如铜、锌、铬等重金属以及氰化物含量过高时，也会不同程度地抑制厌氧发酵过程，应当尽量避免这些物质进入厌氧发酵过程。

5.2.2.5　酸碱度、pH 值和发酵液的缓冲作用

厌氧发酵经历产酸和产气两个阶段，酸性发酵和产气发酵分别有最适的 pH 值。酸性发酵最适 pH 值是 5.8，而甲烷发酵是 6.8。酸性发酵对基质的分解是多种兼性厌氧菌的菌群，pH 值的允许范围较宽，即使在低 pH 值范围，酸生成菌增殖仍是活跃的。而甲烷发酵过程中仅是甲烷单一菌群，易受 pH 值的影响，甲烷菌绝对需要碱性环境，最适 pH 值范围是 6.3~8。

对于产甲烷细菌来说，维持弱碱性环境是十分必要的，当 pH 值低于 6.2 时，就会失去活性。为了提高系统对 pH 值的缓冲能力，需要维持一定的碱度，可以通过投加石灰石或含氮物料的办法来进行调节。

5.2.2.6　生物固体停留时间（污泥龄）与负荷

生物停留时间也称为污泥龄，是指在反应系统内，微生物从其生成到排出系统的平均停留时间，也就是反应系统内的微生物全部更新一次所需的时间。污泥龄能说明活性污泥微生物的状况，世代时间长于污泥龄的微生物在曝气池内不可能繁衍成优势种属。如硝化细菌在 20℃ 时，世代时间为 3 天，当污泥龄小于 3 天时，其不可能在曝气池内大量繁殖，不能成为优势种属在曝气池进行硝化反应。

5.2.3　厌氧发酵工艺与设备

5.2.3.1　厌氧发酵工艺类型

厌氧消化发酵工艺类型较多，可按发酵温度、发酵方式、发酵级差的不同划分成几种类型。

（1）根据发酵温度划分的工艺类型：

1）高温发酵工艺。最佳温度范围是 47~55℃，非常适于城市垃圾、粪便和有机污泥的处理。工序如下：

①高温厌氧发酵菌的培养。高温发酵菌种的来源一般是将采集到的污水池或下水道有气泡产生的中性偏碱的污泥加到备好的培养基上，进行逐级扩大培养，直到发酵稳定后可作为接种用的菌种。

②高温的维持。高温发酵所需温度的维持，通常是在发酵池内布设盘管，通入蒸汽，加热料浆。

③原料投入与排出。在高温发酵过程中，原料的消化速度快，因而要求连续投入新料和连续排出发酵液。其操作方法有两种：一种是用机械加料出料，另一种是采用自流进料和出料。

④发酵物料的搅拌。搅拌可以迅速消除邻近蒸汽管道区域的高温状态和保持全池温度的均一。搅拌的方式一般有机械搅拌、充气搅拌和充洱搅拌三种。

2）自然温度厌氧发酵工艺。是指在自然界温度影响下发酵温度发生变化的厌氧发

酵。发酵池结构简单、成本低、易施工，但发酵温度基本是随温度变化而变化，通常夏季产气率较高，冬季产气率较低。

（2）根据发酵级数划分的工艺类型：

1）单级发酵。单级发酵只有一个沼气池，其发酵过程只在一个发酵池内进行，操作方便，运行成本较低，但有机物去除率不高。

2）两级和多级发酵。两级发酵和多级发酵是指在两个或两个以上相互连通的发酵池内进行的发酵工艺。原料先在第一个发酵池内滞留一定的时间进行厌氧分解，然后料液从第一个发酵池进入到下一个发酵池继续发酵产气。这种工艺提高了有机物的消化率和去除率，发酵工艺停留时间长，有机物分解彻底，但设备投资高，运行费用高。

（3）根据投料运转方式划分的工艺类型：

1）连续发酵。投料启动后经过一段时间的发酵产气，每天或随时连续定量地添加发酵原料和排出旧料，发酵过程能够长期连续进行。此项工艺易于控制，能保持稳定的有机物发酵速度和产气率，且该工艺要求的原料固形物浓度较低，适于处理来源稳定的大、中型畜牧场的粪便等。

2）半连续发酵。启动时一次性投入较多的发酵原料，当产气量趋于下降时开始定期添加新料和排出旧料，以维持比较稳定的产气率。该工艺在我国农村沼气池的应用已较为成熟。

3）批量发酵。一次投料发酵，运转期中不添加新料，当发酵周期结束后，取出旧料再重新投入新料发酵。该工艺的产气量不均衡，初期上升很快，维持一段时间的产气高峰后即逐渐下降。

4）两步发酵。一般认为，甲烷发酵过程中微生物菌群可分为不产甲烷细菌群和产甲烷细菌群，这两类菌群分别在甲烷发酵的不同阶段形成优势菌落，且对营养、代谢、繁殖速度和环境的要求差异很大。此工艺是将甲烷发酵过程中的产酸和产甲烷过程分别在不同的装置中进行，分别给予最适合条件并严格控制，该工艺可大幅度提高产气率，气体中甲烷含量也有所提高。同时实现了渣和液的分离。

5.2.3.2　厌氧发酵设备

A　传统发酵系统

传统发酵系统主要用于间歇性、低容量、小型的农业或半工业化人工制取沼气过程。一般称为沼气发酵池、沼气发生器或厌氧消化器。其中发酵罐是整套发酵装置的核心部分。除发酵罐外，发酵系统的其他附属设备有气压表、导气管、出料机、预处理装置（粉碎、升温、预处理池等）、搅拌器、加热管等。

传统发酵系统中发酵池的建造材料通常有炉渣、碎石、卵石、石灰、砖、水泥、混凝土、三合土、钢板、镀锌管件等。发酵池的种类很多，按发酵间的结构形式有圆形池、长方形池、镡形池和扁球池等多种；按储气方式有气袋式、水压式和浮罩式；按埋没方式有地下式、半埋式和地上式。以下是几种目前常用的传统的沼气发酵池。

a　立式圆形水压式沼气池

我国农村多采用立式圆形水压式沼气池，在埋没方式与贮气方式方面多采用地下埋没和水压式贮气。水压式沼气池的工作原理是：产气时，沼气压料液使水压箱内液面压高；

用气时，料液压沼气供气。产气、用气循环工作，依靠水压箱内料液的自动升降，使气室的气压自动调节，从而保证燃烧炉具的火力稳定，该发酵池主要结构包括加料管、发酵间、出料管、水压间、导气管几个部分。水压式沼气池结构与工作原理如图 5-2-2 所示。

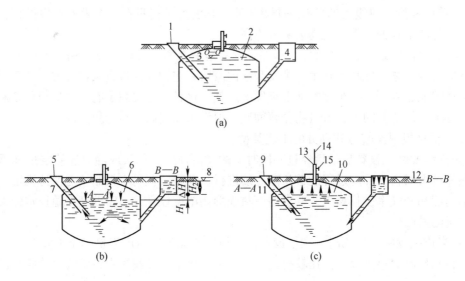

图 5-2-2　水压式沼气池工作原理示意图

(a) 启动前状态；(b) 启动后状态；(c) 沼气使用时状态

1，5，9—加料管；2，6，10—发酵间（储气部分）；3—池内液面 $O—O$；4—出料间液面；
7，11—池内料液液面 $A—A$；8，12—出料间液面 $B—B$；13—导气管；14—沼气输气管；15—控制阀

图 5-2-2 (a) 所示为沼气池启动前的状态，池内初加新料，处于尚未产生沼气阶段。其发酵间与水压间的液面处在同一水平，称为初始工作状态，发酵间的液面为 $O—O$ 水平，发酵间内尚存的空间（V_0）为死气箱容积。图 5-2-2 (b) 是启动后的状态。此时，发酵池内开始发酵产气，发酵间气压随产气量增加而增大，造成水压间液面高于发酵间液面。当发酵间内储气量达到最大量（$V_{贮}$）时，发酵间液面下降到最低位置 $A—A$ 水平，水压间液面上升到可上升的最高位置 $B—B$ 水平。此时称为极限工作状态。极限工作状态时的两液面高差最大，称为极限沼气压强，其值可用下式表示：

$$\Delta H = H_1 + H_2$$

式中　H_1——发酵间液面最大下降值，m；

H_2——水压间液面最大上升值，m；

ΔH——沼气池最大液面差，m。

图 5-2-2 (c) 所示为使用沼气后，发酵间压力降低，水压间液体回流入发酵间，从而使得在产气和用气过程中，发酵间和水压间液面总处于初始状态和极限状态之间上升或下降。

水压式储气池的优点是结构比较简单、造价低、施工方便。缺点是气压不稳定，对产气不利；池温低，不能保持升温，将严重影响产气量，原料利用率低（仅 10% ~ 20%）；大换料和密封都不方便；产气率低 [平均 0.1 ~ 0.15m³/(m³·d)]，而且这种沼气池对防渗措施要求较高，给燃烧器的设计带来一定困难。通常需靠近厕所、牲畜圈建造这种沼

气池，以便粪便自动流入池内，方便管理，同时有利于保持池温，提高产气率，改善环境卫生。

b　立式圆形浮罩式沼气池

图 5-2-3 所示为浮罩式沼气池示意图，这种沼气池也多采用地下埋设方式，它把发酵间和储气间分开，因而具有压力低、发酵好、产气多等优点。产生的沼气由浮沉式的气罩、储气罩可直接安装在沼气发酵池顶，如图 5-2-3（a）所示；也可安装在沼气发酵池侧，如图 5-2-3（b）所示。浮沉式气罩由水封池和气罩两部分组成。当沼气压力大于气罩重量时，气罩便沿水池内壁的导向轨道上升，直至平衡为止；当用气时，罩内气压下降，气罩也随之下沉。

顶浮罩式沼气储气池造价比较低，但气压同样不够稳定。侧浮罩式沼气储气池气压稳定，比较适合沼气发酵工艺的要求，但对材料要求比较高，造价昂贵。

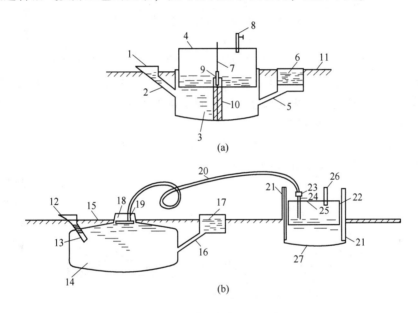

图 5-2-3　浮罩式沼气池示意图

（a）顶浮罩式；（b）侧浮罩式

1，12—进料口；2，13—进料管；3，14—发酵间；4，25—浮罩；5，16—出料连通管；6，17—出料间；
7—导向轨；8，19—导气管；9—导向槽；10—隔墙；11，15—地面；18—活动盖；20—输气管；
21—导向柱；22—卡具；23—进气管；24—开关；26—排气管；27—水池

c　立式圆形半埋式沼气发酵池组

我国城市粪便沼气发酵多采用发酵池组。图 5-2-4 所示为用于处理粪便的一组圆形、半埋式组合沼气池的平面图。该池采用浮罩式储气，单池深度 4m，直径 5m，为钢筋混凝土构筑物，埋入土内 1.3m，发酵池上安装薄钢浮罩，内面用玻璃纤维和环氧树脂作防腐处理，外涂防锈漆。

发酵池内密封性好，总储粪容积为 340m³，进粪量控制在 290m³，储气空间为 156m³。运行过程中，池内气压为 2.35～3.14kPa，温度维持在 32～38℃。1m³ 池容积每天产气 0.35m³。

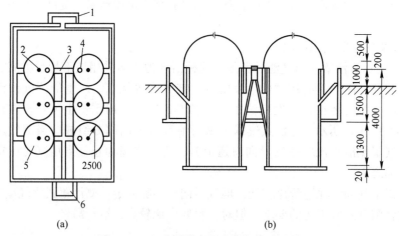

图 5-2-4　立式圆形半埋式沼气发酵池组

（a）平面；（b）立面

1—出料池；2—出气孔；3—进料口；4—加料孔；5—发酵池；6—进料池

发酵池工艺操作简便、造价低廉，当气源不足时，可从投料孔添进一些发酵辅助物，如树叶、稻草、生活垃圾、工业废水等，以帮助提高产气量。

d　长方形（或方形）发酵池

这种发酵池的结构由发酵室、气体储藏室、储水库、进料口和出料口、搅拌器、导气喇叭口等部分组成。其结构如图 5-2-5 所示。

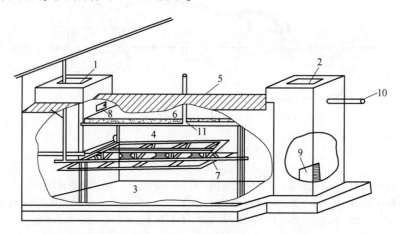

图 5-2-5　长方形发酵池

1—进料口；2—出料口；3—发酵室；4—气体储藏室；5—木板盖；6—储水库；
7—搅拌器；8—通水穴；9—出料门洞；10—粪水溢水管；11—导气喇叭口

发酵室主要用于储藏供发酵的废料。气体储藏室与发酵室相通，位于发酵室的上部空间，用于储藏产生的气体。物料分别从进料口和出料口加入和排出。储水库的主要作用是调节气体储藏室的压力，若室内气压很高时，就可将发酵室内经发酵的废液通过进料间的通水穴压入储水库内；相反，若气体贮藏室内压力不足时，储水库中的水由于自重便流入发酵室，就这样通过水量调节气体储藏的空间，使气压相对稳定，保证供气。通过搅拌器使发酵物不至沉到底部加速发酵。产生的气体通过导气喇叭口输送到外面的导气管。

e　联合沼气池

若需产气量较大，可将数个发酵池串联在一起，就是所谓联合沼气池，如图 5-2-6 所示。

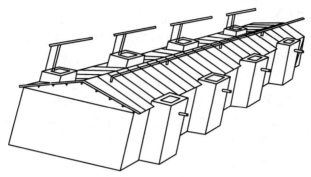

图 5-2-6　联合沼气池

B　现代大型工业化沼气发酵设备

传统的小型沼气发酵系统由于结构简单、造价低、施工方便、管理技术要求不高等优点应用比较广泛，但是由于其发酵罐体积小、产气量小、质量低、利用效率不高、途径单一、发酵周期较长等缺点影响了它的进一步发展。随着现代化大工业的发展，现代大型工业化沼气发酵设备逐渐兴起。这些新型的发酵设备主要在发酵罐上做了较大的改进。

在现代大型沼气发酵设备中，发酵罐中的厌氧生物反应过程能否顺利进行是该技术的关键所在。发酵罐的大小、结构类型直接影响到整个发酵系统的应用范围、工业化程度、沼气的产量和质量、回收能源的利用途径以及产品的市场前景等。要获得一个比较完善的厌氧反应过程必须要有一个完全密闭的反应空间，使之处于完全厌氧状态；反应器反应空间的大小要保证反应物质有足够的反应停留时间；要有可控的污泥（或有机废物）、营养物添加系统；要具备一定的反应温度；反应器中反应所需的物理条件要均衡稳定。这就要在反应器中增加循环设备，使反应物处于不断的循环状态。

现代大型工业化沼气发酵设备的发酵罐的类型主要有欧美型、经典型、蛋型和欧洲平底型几种，如图 5-2-7 所示。

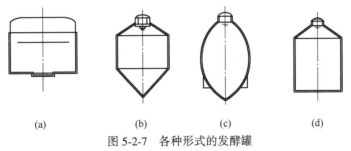

图 5-2-7　各种形式的发酵罐
（a）欧美型；（b）经典型；（c）蛋型；（d）欧洲平底型

（1）欧美型。如图 5-2-7（a）所示，欧美型这种结构的发酵罐，其直径与高度的比一般大于 1，顶部具有浮罩，和底部都有小的坡度，由四周向中心凹陷，形成一个小锥体。在运行过程中，发酵罐底部沉积以及表面形成浮渣层的问题可以通过向罐中加气形成强烈的循环对流来消除，发酵罐每隔 2~5 年清空一次。

（2）经典型。如图 5-2-7（b）所示，经典型发酵罐在结构上主要分三部分，中间是一个直径与高度比为 1 的圆桶，上下两头分别有一个圆锥体。底部锥体的倾斜度为 1.0~1.7，顶部为 0.6~1.0。这种结构有助于发酵污泥处于均匀的、完全循环的状态。

（3）蛋型。如图 5-2-7（c）所示，蛋型发酵罐是在经典型发酵罐的基础上加以改进而形成的。蛋型发酵罐有两个特点：一是发酵罐两端的锥体与中部罐体结合时，不像经典型发酵罐那样形成一个角度，而是平滑的，逐步过渡的，这样有利于发酵污泥完全彻底地循环，不会形成循环死角；二是底部锥体比较陡峭，反应污泥与罐壁的接触面积比较小。这为发酵罐内污泥形成循环及均一的反应工况提供了最佳条件。

（4）欧洲平底型。如图 5-2-7（d）所示，欧洲平底型发酵罐介于欧美型与经典型之间。它的施工费用较低，直径与高度的比值更为合理。但是，这种结构的发酵罐在其内部安装污泥循环设备种类方面，选择的余地比较小。

厌氧发酵罐的物料循环系统主要由动力泵、混合搅拌装置和加气设备等 3 个基本结构单元组成。

（1）动力泵。动力泵是厌氧发酵罐的动力系统，利用外部的动力泵实现物料循环。动力泵主要用于最大容积 4000m³ 左右的发酵罐。对于较大的发酵罐要用 2 台泵来完成。这种机械式动力循环方式非常适用于经典型和欧洲平底型发酵罐。另外，为了防止在发酵罐底部形成沉积，需安装刮泥机。

（2）混合搅拌装置。混合搅拌装置通常由升液管、加速器、混合器、循环折流板和驱动泵等几部分组成。升液管垂直安装在发酵罐的中间，其四周用钢缆或钢筋固定在发酵罐的罐壁上，防止其四处摇摆。循环用的混合器是一种专门制作的一级或二级螺旋转轮，它既可以起到混合作用又可以形成污泥循环，这种装置运行十分可靠。循环折流板的作用一是当污泥通过升液管由下向上流动时，可以将污泥更好地均匀分布在表面浮渣层上；二是当污泥由上向下流动时，可以将已破碎浮动的污泥导入升液管中。

（3）加气设备。加气设备的工作原理主要是：气体在空气压缩泵的作用下进入发酵罐的底部并形成气泡，气泡在上升过程中带动污泥向上运动形成循环，从而达到预期的混合目的。在厌氧污泥发酵系统中通入的气体主要是发酵产物——沼气，既可以防止浮渣层形成又不会影响气泡的产生。

5.2.4 沼气和沼渣的综合利用

（1）沼气的综合利用。

1）制造生活燃料。沼气是一种良好的燃料，清洁卫生、使用方便、热效率高。

2）运输工具的动力燃料。沼气的抗暴性能良好，辛烷值高达 125，可直接用于各种内燃机。

3）沼气发电。沼气用作内燃机的燃料，通过燃烧膨胀做功产生原动力使发动机带动发电机进行发电。

4）制造化工原料。沼气中的甲烷可用来制取炭黑、一氯甲烷、二氯甲烷、三氯甲烷、四氯化碳、乙炔、甲醇、甲醛和甲酸等。沼气中的二氧化碳可用来制作冷凝剂"干冰"、碳酸氢铵肥料等。

5）孵化禽类。沼气孵化技术可靠、操作方便、孵化率高、无污染，可避免传统的炭孵、炕孵工艺造成的温度不稳定和一氧化碳中毒现象。

6）用于蔬菜种植。利用沼气燃烧产生的二氧化碳进行气体施肥，增产显著，无公害。

7）利用沼气储粮防虫、储藏水果。沼气中含氧量极低，甲烷含量高且无毒，向储量装置内输入适量的沼气并密闭停留，形成的缺氧环境可使害虫死亡，控制水果的呼吸强度，减少养分消耗。此法可保持粮食品质，保鲜水果，无污染，对人体和种子发芽均无影响。

（2）沼气发酵余物的综合利用。沼气发酵后的氮、磷、钾几乎没有损失，发酵余物是一种优质的有机肥，称为沼气肥。其中，沼液称为沼气水肥，沼渣称为沼气渣肥。

1）沼液的利用。沼液是一种速效肥料，适于菜田或有灌溉条件的旱田作追肥使用。长期施用沼液可促进土壤颗粒结构的形成，使土壤疏松，增强土壤保肥保水能力，改善土壤理化性状，使土壤有机质、全氮、全磷及有效磷等养分均有不同程度的提高。因此，对农作物有明显的增产效果。

沼液有助于作物抗病防虫和防冻。用沼液进行根外追肥，或进行叶面喷施，其营养成分可直接被作物茎叶吸收，参与光合作用，从而增加产量，提高品质，同时增强抗病和防冻能力。

沼液中含有多种常量和微量元素，氨基酸含量十分丰富，均为可溶性营养物，易于消化吸收，从而满足禽畜的生长需要。沼液喂鱼，沼液中营养成分易被浮游生物吸收，促进其繁殖生长，改善水质，减少溶解氧的消耗，避免泛塘现象发生，还排除了由于施新鲜的禽畜粪便带来的寄生虫卵及病菌较多而引发的鱼病。

沼液用于浸种。沼液中含有大量的腐殖酸铵、各种维生素、生长素以及作物需要的氮、磷、钾等微量元素物质和微生物分泌的多种活性物质等，这些可溶性营养物质都会因渗透作用而不同程度地被种子吸收，从而能有效激活种胚和胚乳中的酶源，增强酶的活力，促进生芽，刺激生长，促进代谢。

2）沼渣的利用。沼渣含有较全面的养分和丰富的有机物，是一种缓速兼备又有改良土壤功效的优质肥料。使用沼渣的土壤中，有机质与氮磷含量都比未施沼渣的土壤均有所增加，而土壤容重下降，孔隙度增加，土壤的理化性状得到改善，保水保肥能力增强。

沼渣单做基肥效果很好，若和沼液浸种、根外追肥相结合，效果更好，还可使作物和果树在整个生育期内基本不发生病虫害，可减少化肥和农药的施用量。

沼渣中有大量的菌体蛋白，可用来制成蛋白饲料，还可以从沼渣中提取维生素 B_{12} 和多种维生素。

 习题与思考

（1）哪些固体废物可进行生物处理？
（2）堆肥的作用有哪些？
（3）厌氧发酵的影响因素有哪些？
（4）厌氧发酵产物是什么？此产物有哪些用途？
（5）比较好氧堆肥技术与厌氧发酵技术有何不同。

项目 6　典型固体废物的处理与资源化

固体废物种类繁多、来源广泛、处理难度大，在日常生活和工业生产中都可能产生大量固体废物。对于可生物降解的固体废物可用生物处理技术进行处理，对于可燃烧的固体废物可用热处理技术进行处理，对于半固态的、有毒有害的固体废物就要利用固化、稳定化技术进行处理。在污水处理过程中存在的一个问题就是污泥的处理，对于污泥的浓缩脱水技术也可用于含水量较高或半固体状的固体废物的预处理中。

本项目主要介绍了固体废物的固化、稳定化技术，水泥、沥青、塑料、玻璃、石灰等典型废物的固化技术，危险固体废物的鉴别、收集运输及处理，污泥的处理技术，典型工矿业固体废物的处理技术及典型生活垃圾的处理技术等。

任务 6.1　固体废物固化、稳定化技术

学习目标

（1）掌握固体废物固化、稳定化技术；

（2）理解水泥、沥青、塑料等固化技术。

固体废物的固化最早用来处理放射性污泥和蒸发浓缩液，后来用来处理电镀污泥、铬渣等危险废物。

固体废物的固化主要用于：

（1）对于具有毒性或强反应性等危险性质的废物进行处理，使得满足填埋处置要求；

（2）其他处理过程所产生的残渣，例如焚烧产生的灰分的无害化处理，其目的是最终对其进行处置；

（3）在大量土壤被有害污染物所污染的情况下对土壤进行去污。

6.1.1　概述

固体废物固化是用物理-化学方法将有害废物掺合并包容在密实的惰性基材中，使其稳定化的一种过程。固体废物固化所用的惰性材料称为固化剂。有害废物经过固化处理所形成的固化产物称为固化体。固化处理机理十分复杂，目前尚在研究和发展中，其固化过程有的是将有害废物通过化学转变或引入某种稳定的晶格中的过程；有的是将有害废物用惰性材料加以包容的过程，有的兼有上述两种过程。

固化技术，首先是从处理放射性废物发展起来的。欧洲、日本已应用多年，近年来，美国也很重视该技术的研究开发。我国在放射性废物的固化处理方面已做了大量的工作，并已进入工业化应用阶段。今天，固化技术已应用于处理多种有毒有害废物，如电镀污泥、砷渣、汞渣、氰渣、铬渣和镉渣等。

对固化处理的基本要求包括:(1)有害废物经固化处理后形成的固化体应具有良好的抗渗透性、抗浸出性、抗干湿性、抗冻融性及足够的机械强度等,最好能作为资源加以利用,如作建筑基础和路基材料等;(2)固化过程中材料和能量消耗要低,增容比(即所形成的固化体体积与被固化废物的体积之比)要低;(3)固化工艺过程简单、便于操作;(4)固化剂来源丰富,价廉易得;(5)处理费用低。

衡量固化处理效果的两项主要指标是固化体的浸出率和增容比。

所谓浸出率是指固化体浸于水中或其他溶液中时,其中有害物质的浸出速度。因为固化体中的有害物质对环境和水源的污染,主要是由于有害物质溶于水造成的,所以,可用浸出率的大小预测固化体在贮存地点可能发生的情况。浸出率的数学表达式如下:

$$R_{in} = \frac{a_r/A_0}{(F/M)t}$$

式中　　R_{in}——标准比表面的样品每天浸出的有害物质的浸出率,$g/(d \cdot cm^2)$;

　　　　a_r——浸出时间内浸出的有害物质的量,mg;

　　　　A_0——样品中含有的有害物质的量,mg;

　　　　F——样品暴露表面积,cm^2;

　　　　M——样品的质量,g;

　　　　t——浸出时间,d。

增容比是指所形成的固化体体积与被固化有害废物体积的比值,即:

$$c_i = \frac{V_2}{V_1}$$

式中　　c_i——增容比;

　　　　V_2——固化体体积,m^3;

　　　　V_1——固化前有害废物的体积,m^3。

增容比是评价固化处理方法和衡量最终成本的一项重要指标。

固化技术可按固化剂分为水泥固化、沥青固化、塑料固化、玻璃固化、石灰固化等。

6.1.2 水泥固化

水泥固化是以水泥为固化剂将有害废物进行固化的一种处理方法。

6.1.2.1 水泥固化原理

水泥是一种无机胶结剂,经水化反应后可形成坚硬的水泥块,能将砂、石等添加料牢固地凝结在一起。水泥固化有害废物就是利用水泥的这一特性。

对有害污泥进行固化时,水泥与污泥中的水分发生水化反应生成凝胶,将有害污泥微粒分别包容,并逐步硬化形成水泥固化体。可以认为这种固化体的结构主要是水泥的水化反应产物 $3CaO \cdot SiO_3$,水化结晶体内包进了污泥微粒,使得污泥中的有害物质被封闭在固化体内,达到稳定化、无害化的目的。

水泥固化的化学反应:

首先让废物料与硅酸盐水泥混合,如果废物中没有水分,则需向混合物中加水,以保证水泥分子跨接所必需的水合作用,所涉及的水合反应主要有以下几个方面。

（1）硅酸三钙的水合反应：

$$3CaO \cdot SiO_2 + xH_2O \longrightarrow 2CaO \cdot SiO_2 \cdot yH_2O + Ca(OH)_2 \rightarrow CaO \cdot SiO_2 \cdot mH_2O +$$

$$2Ca(OH)_2 \cdot 2(3CaO \cdot SiO_2) + xH_2O \longrightarrow 3CaO \cdot 2SiO_2 \cdot yH_2O + 3Ca(OH)_2 \longrightarrow$$

$$2(CaO \cdot SiO_2 \cdot mH_2O) + 4Ca(OH)_2$$

（2）硅酸二钙的水合反应：

$$2CaO \cdot SiO_2 + xH_2O \longrightarrow 2CaO \cdot SiO_2 \cdot xH_2O \longrightarrow CaO \cdot SiO_2 \cdot mH_2O +$$

$$Ca(OH)_2$$

$$2(2CaO \cdot SiO_2) + xH_2O \longrightarrow 3CaO \cdot 2SiO_2 \cdot yH_2O + Ca(OH)_2 \longrightarrow$$

$$2(CaO \cdot SiO_2 \cdot mH_2O) + 2Ca(OH)_2$$

（3）铝酸三钙的水合反应：

$$3CaO \cdot Al_2O_3 + xH_2O \longrightarrow 3CaO \cdot Al_2O_3 \cdot xH_2O$$

如果有 $Ca(OH)_2$ 存在时，则变为：

$$3CaO \cdot Al_2O_3 + xH_2O + Ca(OH)_2 \longrightarrow 4CaO \cdot Al_2O_3 \cdot mH_2O$$

（4）铝酸四钙的水合反应：

$$4CaO \cdot Al_2O_3 + Fe_2O_3 + xH_2O \longrightarrow 3CaO \cdot Al_2O_3 \cdot mH_2O + 4CaO \cdot Fe_2O_3 \cdot mH_2O$$

最终生成硅铝酸盐胶体的这一连串反应是一个速率很慢的过程，所以为了保证固化体得到足够的强度，需要在有足够水分的条件下维持很长的时间对水化的混凝土进行保养。对于普通硅酸盐水泥，进行最为迅速的反应是：

$$3CaO \cdot Al_2O_3 + 6H_2O \longrightarrow 3CaO \cdot Al_2O_3 \cdot 6H_2O + 热量$$

该反应确定了普通硅酸盐水泥的初始状态。

以水泥为基本材料的固化技术最适用于无机类型的废物，尤其是含有重金属污染物的废物。由于水泥所具有的高 pH 值，使得几乎所有的重金属形成不溶性的氢氧化物或碳酸盐形式而被固化在固化体中。

另一方面，有机物对水化过程有干扰作用，使最终产物的强度减小，并使稳定化过程变得困难。它可能导致生产较多的无定型物质而干扰最终的晶体结构形式。在固化过程中加入蛭石、黏土及可溶性的碳酸钠等物质，可以缓解有机物的干扰作用，提高水泥固化的效果。

由于固体废物组成的特殊性，水泥固化过程中常常会遇到混合不均、凝固过早或过晚、操作难以控制等困难，同时得到固化产品的浸出率高、强度较低。为了改变固化产品的性能，固化过程中需视废物的性质和对产品质量的要求，添加适量的必要的添加剂。

添加剂分为有机和无机两大类，无机添加剂有蛭石、沸石、多种黏土矿物、水玻璃、无机缓凝剂、无机速凝剂和骨料等；有机添加剂有硬脂肪酸丁酯、δ-糖酸内酯、柠檬酸等。

实践证明，采用水泥固化处理各种含有重金属的污泥十分有效。在固化过程中，由于水泥具有较高的 pH 值，使得污泥中的重金属离子在碱性条件下，生成难溶于水的氢氧化物或碳酸盐等。某些重金属离子也可以固定在水泥基体的晶格中，从而可以有效地防止重金属的浸出。

目前水泥固化主要应用于电镀污泥固化处理及汞渣水泥固化处理。

6.1.2.2　水泥固化法的特点

水泥固化法的主要优点是对电镀污泥处理十分有效；设备和工艺过程简单，设备投资，动力消耗和运行费用都比较低；水泥和添加剂价廉易得，对含水率较高的废物可以直接固化，操作在常温下即可进行，对放射性废物的固化容易实现安全运输和自动化控制等。水泥固化的缺点是：水泥固化体的浸出率较高，通常为 $10^{-4} \sim 10^{-5} \mathrm{g}/(\mathrm{cm}^2 \cdot \mathrm{d})$，主要是由于它的空隙率较高所致，因此，需作涂覆处理；水泥固化体的增容比较高，达 $1.5 \sim 2$；有的废物需进行预处理和投加添加剂，使处理费用增高；水泥的碱性易使铵离子转变为氨气逸出；处理化学泥渣时，由于生成胶状物，使混合器的排料较困难，需加入适量的锯末予以克服。

6.1.2.3　水泥固化方法及设备

A　外部混合法

外部混合法是将废物、水泥、添加剂和水在单独的混合器中进行混合，经过充分搅拌后再注入处置容器中。外部混合法需要设备较少，可以充分利用处置容器的容积；但搅拌混合以后的混合器需要洗涤，不但耗费人力，还会产生一定数量的洗涤废水。其过程如图6-1-1 所示。

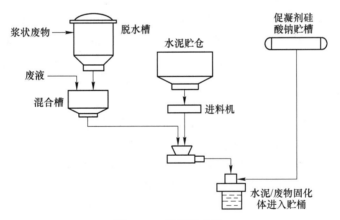

图 6-1-1　外部混合法

B　容器内混合法

容器内混合法是直接在最终处置使用的容器内进行混合，然后用可移动的搅拌装置混合。其优点是不产生二次污染物，但由于处置所用的容器体积有限，充分搅拌困难，且要留出一定的无效空间，大规模应用时，操作控制也较为困难。该法适用于处置危害性大但数量不太多的废物，例如放射性废物。其过程如图 6-1-2 所示。

C　注入法

对于原来的粒度较大或粒度十分不均匀、不便进行搅拌的固体废物，可以先把废物放入桶内，然后再将制备好的水泥浆料注入。如果需要处理液态废物，也可以在同时将废液注入。为了混合均匀，可以将容器密闭以后放置在以滚动或摆动的方式运动的台架上。但

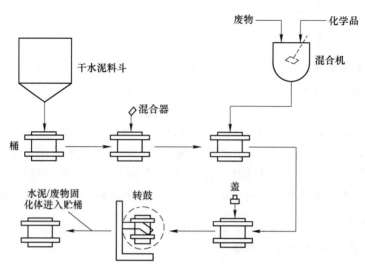

图 6-1-2　容器内混合法

应该注意的是，有时在物料的搅拌过程中会产生气体或放热，从而提高容器的压力。此外，为了达到混匀的效果，容器不能完全充满。

水泥固化还存在着一些缺点，近来在很多方面开展了研究并加以改进。用天然胶乳聚合物改性普通水泥以处理重金属废物，提高了水泥浆颗粒和废物间的键合力，聚合物同时填充了固化块中小的孔隙和毛细管，可降低重金属的浸出；用改性硫水泥处理焚烧炉灰，可提高固化体的抗压强度和抗拉强度，并且增加固化体抵抗酸和盐（如硫酸盐）侵蚀的能力。

6.1.3　沥青固化

沥青固化是以沥青为固化剂，与有害废物在一定的温度、配料比、碱度和搅拌作用下产生皂化反应，使有害废物均匀地包容在沥青中，形成固化体。

沥青具有良好的黏结性、化学稳定性与一定的弹性和塑性，对大多数酸、碱、盐类有一定的耐腐蚀性。此外，它还具有一定的辐射稳定性。

沥青固化一般用于处理中、低放射水平的蒸发残液，废水化学处理产生的沉渣，焚烧炉产生的灰烬，塑料废物、电镀污泥、砷渣等。

沥青固化常用的基本方法有高温熔化混合蒸发法、暂时乳化法和化学乳化法三种。

沥青固化体的主要性能指标是它在水中的浸出率、辐照稳定性和化学稳定性。它们分别受到沥青种类、加入的废物量、废物的化学组分和残余水分等的影响。

6.1.3.1　影响沥青固化体浸出率的因素

（1）沥青的种类。用不同类型的沥青所得固化体的浸出率不同，实验表明，采用直馏沥青效果较好。较软的沥青比较硬的沥青所得固化体浸出率低。

（2）废物量、化学组成及混合状况。由于沥青与废物之间存在复杂的物理和化学作用，过高的废物量将导致固化体浸出率的急剧上升。鉴于操作和安全上的考虑，一般应控制加入的废物量与沥青的重量比在 40%～50%。

（3）残余水分。固化体中的残余水分对固化体的浸出率有显著的影响。一般认为残余水分的存在将增加沥青中的细孔数量。为此，固化体中残余水分的质量分数应控制在 10% 以下，最好小于 0.5%。

（4）某些表面活性剂的影响。加入某些表面活性剂可导致固化体浸出率的升高。

6.1.3.2　影响沥青固化体化学稳定性的因素

在沥青固化过程中，沥青会与某些掺入的化合物、氧化剂等发生化学作用，从而影响固化体的化学稳定性。例如纯沥青的燃点一般为 420℃ 左右，而在掺入硝酸盐、亚硝酸盐后，其燃点降至 250～330℃，因而增加了燃烧的危险性。

6.1.4　塑料固化

6.1.4.1　塑料固化原理

塑料固化是以塑料为固化剂与有害废物按一定的配料比，并加入适量的催化剂和填料（骨料）进行搅拌混合，使其共聚合固化而将有害废物包容形成具有一定强度和稳定性的固化体，塑料固化技术按所用塑料（树脂）不同，可分为热塑性塑料固化和热固性塑料固化两类。

热塑性塑料有聚乙烯、聚氯乙烯树脂等，在常温下呈固态，高温时可变成熔融胶黏液体，将有害废物捧合包容在塑料中，冷却后即形成塑料固化体。

热固性塑料有脲醛树脂和不饱和聚酯等。脲醛树脂是一种无色透明的黏稠液体。对多孔性极性材料有较好的黏附力，使用方便，固化速度快，常温或加热都能很快固化。与有害废物形成的固化体具有较好的耐水性、耐热性及耐腐蚀性能，价格较其他树脂便宜。其缺点是耐老化性能差。不饱和聚酯树脂在常温下有适宜的黏度，可在常温、常压下固化成型，固化过程中无小分子形成，因而使用方便，容易保证质量，适用于对有害废物和放射性废物的固化处理。

不饱和聚酯树脂品种很多，按用途分有通用树脂、耐酸树脂和浇铸树脂等。

6.1.4.2　塑料固化的特点

塑料固化可以在常温下操作，为使混合物聚合凝结仅加入少量的催化剂即可，增容比和固化体的密度较小。该法既能处理干废渣，也能处理污泥浆。塑料固化体是不可燃的。其主要缺点是塑料固化体耐老化性能较差，固化体一旦破裂，污染物浸出会污染环境，因此，处置前都应有容器包装，因而增加了处理费用。如果以脲醛树脂为固化剂，通常采用强酸作催化剂，需要耐腐蚀的混合设备或有耐腐蚀衬里的混合器。此外，在混合过程中释放有害烟雾，污染周围环境。该法还需要有熟练的操作技术，以保证固化质量。

6.1.5　玻璃固化

6.1.5.1　玻璃固化原理

玻璃固化是以玻璃原料为固化剂，将其与有害废物以一定的配料比混合后，在高温

（900~1200℃）下熔融，经退火后即可转化为稳定的玻璃固化体。

　　玻璃固化法主要用于固化高放废物。从玻璃固化体的稳定性、对熔融设备的腐蚀性、处理时的发泡情况和增容比来看，硼硅酸盐玻璃固化是最有发展前途的固化方法。

　　玻璃的种类繁多，普通的钠钾玻璃熔点较低，制造容易，但在水中的溶解度较高，因而不能用于高放废液的固化。硅酸盐玻璃耐腐蚀能力强，但熔点高，制造困难。通常在高放废液的玻璃固化中，研究较多的是磷酸盐和硼酸盐玻璃固化过程。

6.1.5.2　玻璃固化方法

玻璃固化的方法可分为间歇式和连续式两种。

A　间歇式固化法

间歇式固化法，是一罐一罐地将高放废液和玻璃原料一起加入罐内，使蒸发干燥、煅烧、熔融等几步过程都在罐内完成。熔融成玻璃后，将熔化玻璃注入贮存容器内成型。熔化罐可以反复使用，也可以采用弃罐方式，即熔化罐本身兼作贮存容器或最终处置容器用。

B　连续式固化法

连续式固化法是将蒸发、煅烧过程与熔融过程分别在煅烧炉和熔融炉内完成，蒸发煅烧过程采用连续进料和排料的方式，而熔融过程既可连续进料和排料，也可连续进料和间歇排料。

6.1.5.3　玻璃固化法的特点

与其他固化法相比，玻璃固化法具有以下优点：（1）玻璃固化体致密，在水及酸、碱溶液中的浸出率小，大约为 $10^{-7}\mathrm{g}/(\mathrm{cm}^2 \cdot \mathrm{d})$；（2）增容比小；（3）在玻璃固化过程中产生的粉尘量少；（4）玻璃固化体有较高的导热性、热稳定性和辐射稳定性。

玻璃固化法的缺点是：装置较复杂、处理费用昂贵、工件温度较高、设备腐蚀严重，以及放射性核素挥发量大等。

6.1.6　石灰固化方法

6.1.6.1　石灰固化原理

石灰固化是以石灰为固化剂，以粉煤灰、水泥窑灰为填料，专用于固化含有硫酸盐或亚硫酸盐类废渣的一种固化方法。其原理是基于水泥窑灰和粉煤灰中含有活性氧化铝和二氧化硅，能与石灰和含有硫酸盐、亚硫酸盐的废渣中的水反应，经凝结、硬化后形成具有一定强度的固化体。

6.1.6.2　石灰固化法的应用及其优缺点

石灰固化法适用于固化钢铁、机械的酸洗工序所排放的废液和废渣，电镀污泥、烟道脱硫废渣、石油冶炼污泥等。固化体可作为路基材料或砂坑填充物。

石灰固化法的优点是使用的填料来源丰富、价廉易得、操作简单、不需要特殊的设备、处理费用低，被固化的废渣不要求脱水和干燥，可在常温下操作等。其主要缺点是石灰固化体的增容比大，固化体容易受酸性介质侵蚀，需对固化体表面进行涂覆。

6.1.7　自胶结固化法

6.1.7.1　自胶结固化原理

自胶结固化是将含有大量硫酸钙或亚硫酸钙的泥渣，在适宜的控制条件下进行煅烧，使其部分脱水至产生有胶结作用的亚硫酸钙或半水硫酸钙（$CaSO_4 \cdot \frac{1}{2}H_2O$）状态，然后与特制的添加剂和填料混合成稀浆，经凝结硬化形成自胶结固化体。其固化体具有抗透水性高、抗微生物降解和污染物浸出率低的特点。

6.1.7.2　自胶结固化法的优缺点

自胶结固化法的优点是采用的填料飞灰是工业废料，以废治废节约资源，固化体的化学稳定性好、浸出率低、凝结硬化时间短，对固化的泥渣不需要完全脱水等。其主要缺点是该种固化法只适用于含硫酸钙、亚硫酸钙泥渣或泥浆的处理，需要熟练的操作技术和昂贵的设备，煅烧泥渣需消耗一定的能量等。

6.1.8　水玻璃固化

水玻璃固化是以水玻璃为固化剂，无机酸类（如硫酸，硝酸、盐酸和磷酸）为助剂，与有害污泥按一定的配料比进行中和与缩合脱水反应，形成凝胶体，将有害污泥包容，经凝结硬化逐步形成水玻璃固化体。

水玻璃固化法具有工艺操作简便、原料价廉易得、处理费用低、固化体耐酸性强、抗透水性好、重金属浸出率低等特点。此法目前尚处于试验阶段。

6.1.9　稳定化技术

稳定化技术是将有毒有害污染物转变为低溶解性、低迁移性及低毒性的物质的过程。稳定化一般分为化学稳定化和物理稳定化。化学稳定化是通过化学反应使有毒有害物质转变成不溶性化合物，使之在稳定的晶格内固定不动；物理稳定化是将污泥或半固体物质与一种疏松物料（粉煤灰等）混合生成一种粗颗粒、有土壤状坚实度的固体，这种固体可以用运输机械运送至处置场。

固化和稳定化技术在处理危险废物时通常无法截然分开，固化过程中会有稳定化作用，稳定化过程中会有固化作用。

6.1.10　固化、稳定化处理步骤

固化、稳定化处理时一般要求有害物经固化、稳定化处理后形成的物质具有良好的抗渗透性、抗浸出性、抗干湿性、抗冻融性，并具有足够的机械强度且处理费用低等，最好能作为资源加以利用。

一个标准的固化、稳定化处理过程一般包括以下几个步骤：

（1）预处理。由于收集到的固体废物中所含的许多化合物都会对固化、稳定化过程

产生干扰，因此要对废物先进行预处理。

（2）添加固化剂。根据用量加入固化剂、稳定剂等。

（3）混合与硬化。将废物与固化剂在混合设备中进行均匀混合，然后送到硬化池或处置场地中放置一段时间，使之凝硬完成硬化过程。

（4）固化体的处理。根据所处理的废物的特性将固化体进行填埋或加以利用等。

任务 6.2　危险固体废物的处理技术

学习目标

（1）了解危险废物的种类；

（2）掌握危险废物的收集、贮存及清运。

6.2.1　危险固体废物的鉴别

危险废物的术语是在 20 世纪 70 年代初得到社会认可的，在 20 世纪 70 年代中期以后，这一术语广为流传。危险废物又称有害废物、有毒废渣等，其英文名称为 "hazardous wastes"，指具有易燃性、腐蚀性、急性毒性、浸出毒性、反应性、传染性、放射性等一种或一种以上危害特征的废物。危险废物不仅存在于工业固体废物中，同时也存在于城市生活垃圾中，对人类或其他生物构成危害。

危险废物的鉴别可以根据定义进行鉴别，也可根据危害特性鉴别法进行鉴别。

6.2.1.1　易燃性（ignitability）

在常温下，经机械摩擦、吸湿或自发化学变化具有着火倾向，在加工过程会发热，或在点火时燃烧剧烈而持续，以致管理期间会引起危险的固体废物均属于易燃性固体废物。

鉴别标准：我国目前尚未制定易燃性固体废物的鉴别标准，可参阅国外有关标准。多数国家规定闪点低于 60℃ 的废物均属于易燃性废物。

6.2.1.2　腐蚀性（corrosivity）

腐蚀性固体废物通常是指那些对生物接触部位的细胞组织产生损害，或对装载容器产生明显腐蚀作用的废物。

鉴别标准：中华人民共和国国家标准 GB 5085.1—2007《危险废物鉴别标准——腐蚀性鉴别》中规定的固体废物腐蚀性鉴别标准为 $pH \leqslant 2.0$ 或 $pH > 12.5$。美国还确定了对钢的腐蚀速率标准，以腐蚀速率每年 6.35mm 为极限值。

6.2.1.3　反应性（reactivity）

反应性是指在常温、常压下不稳定，极易发生剧烈的化学反应，遇火或水反应猛烈，在受到摩擦、撞击或加热后可能发生爆炸或产生有毒气体的性质。

鉴别标准：此类危险废物具有化学不稳定性，或者极端反应性，能与空气或水或其他化学剂（如酸、碱）起强烈的反应，含有氰化物或硫化物，可产生有毒气体、蒸汽或烟雾，在常温常压下或加热时可发生爆炸。

6.2.1.4　感染性（infectiousness）

感染性一般是指带有微生物或寄生虫，能致人体或动物疾病的废物。

鉴别标准：具有感染性的典型危险废物为医疗废物。2003 年我国颁布实施的《医疗废物管理条例》中明确规定，医疗废物是指医疗卫生机构在医疗、预防、保健以及其他相关活动中产生的具有直接或者间接感染性、毒性以及其他危害性的废物。医疗废物由于携带病菌的数量巨大，种类繁多，具有空间传染、急性传染、交叉传染和潜伏传染等特性，其危害性很大，因此，我国的《国家危险废物名录》（生态环境部、国家发展和改革委员会令第 1 号，2008 年 6 月 6 日公布）将其列为一号危险废物。

6.2.1.5　毒性（toxicity）

危险废物的毒性表现为三大类，即急性毒性、浸出毒性和其他毒性。

A　急性毒性

急性毒性是指一次性投给实验动物大剂量的毒性物质，在短时间内所出现的毒性。通常用一群实验动物出现半数死亡的剂量即半致死剂量表示。按照摄入的方式急性毒性又可分为口服毒性、吸入毒性和皮肤吸收毒性。

我国《危险废物鉴别标准——急性毒性初筛》（GB 5085.2—2007）中具体规定了急性毒性的鉴别方法。

B　浸出毒性

浸出毒性是指用规定方法对固体废物进行浸取，在浸出液中若有一种或一种以上有害成分，其浓度超过规定的标准，认定具有浸出毒性。

根据《危险废物鉴别标准——浸出毒性鉴别》（GB 5085.3—2007）的规定，浸出液中任何一种危害成分的浓度超过浸出液最高允许浓度值，则该废物属于具有浸出毒性的危险废物。

C　其他毒性

其他毒性包括生物富集性、刺激性、遗传变异性、水生生物毒性等。

6.2.2　危险固体废物的收集运输

由于危险废物特有的性质，决定其在收集、储存和运输期间对人类或其他生物构成危害或存在潜在危害，所以其在处理过程中不同于一般固废的管理。

6.2.2.1　盛装容器

危险废物的产生部门、单位或个人，必须有安全存放危险废物的装置，如钢桶、钢罐或塑料桶等。一旦危险废物产生出来，必须依照法律规定迅速将它们妥善地存放于装置内，并在容器或储罐外壁清楚地标明内盛物的类别、数量、装进日期以及危害说明。

除剧毒或某些特殊危险废物，如与水接触会发生剧烈反应或产生有毒气体和烟雾的废物、氰酸盐或硫化物含量超过 1% 的废物、腐蚀性废物、含有高浓度刺激性气味物质（如硫化物等）或挥发性有机物（如酸类、醛类、醚类及胺类等）的废物、含杀虫剂及除草剂等农药的废物、含可聚合性单体的废物、强氧化性废物等，必须密封包装之外，大部分危险废物可采用普通的钢桶或储罐盛装。

危险废物的产生者应妥善保管所有装满废物待运的容器或储罐，直到它们被运出产地做进一步储存、处理或处置。

6.2.2.2　危险废物的收集

危险废物产生者暂存的桶装或袋装的危险废物可由产生者直接运往收集中心或回收站，也可以通过主管部门配备的专用运输车辆按规定路线运往指定的地点储存或做进一步处理。

收集站一般由砖砌的防火墙及铺设混凝土地面的若干库房式构筑物组成，储存废物的库房室内应保证空气流通，以防止具有毒性和爆炸性的气体积聚而产生危险。收进的废物应翔实登记其类型和数量，并按废物不同特性分别妥善存放。

转运站的位置宜选择在交通路网便利的场所或其附近，由设有隔离带或埋于地下的液态危险废物储罐、油分离系统及盛装废物的桶或罐的库房群组成。站内工作人员负责办理废物交接手续，按时将所收存的危险废物如数装进运往处理场的运输车内，并责成运输者负责途中的安全。

6.2.2.3　危险废物的运输

危险废物的主要运输方式是公路运输，因而载重汽车的装卸作业是造成危险废物污染环境的重要环节。危险废物的运输车辆需经过主管单位检查，并持有有关单位签发的许可证，负责运输的司机应通过培训，并持有证明文件。承载危险废物的车辆需有明显的标志或适当的危险符号，以引起关注。载有危险废物的车辆在公路上行驶时，需持有运输许可证，证上应注明废物来源、性质和运往地点，此外，在必要时需有专门人员负责押运工作。组织运输危险废物的单位，事先必须做出周密的运输计划和确定行驶路线，其中包括废物泄漏时的有效应急措施。

为保证危险废物运输的安全无误，可采用一种文件跟踪系统，并形成制度。即：由废物生产者填写一份记录废物产地、类型、数量等情况的运货清单，经主管部门批准，然后交由废物运输承担者负责清点并填写装货日期、签名并随身携带，再按货单要求分送有关处所，最后将剩余的另一清单交由原主管检查，并存档保管。

6.2.3　危险废物的处理

固化、稳定化技术是处理重金属废物和其他非金属危险废物的重要手段，危险废物从产生到处置的全过程可以用图 6-2-1 来表示。

从图 6-2-1 中可以看出固化、稳定化技术是危险废物管理中的一项重要技术，在区域性集中管理系统中占有重要的地位。经其他无害化、减量化处理的固体废物，都要全部或部分地经过固化、稳定化处理后才能进行最终处置或加以利用。固化、稳定化作为废物最终处置的预处理技术在国内外已得到广泛应用。

危险废物固化、稳定化处理的目的是使危险废物中的所有污染组分呈现化学惰性或被包

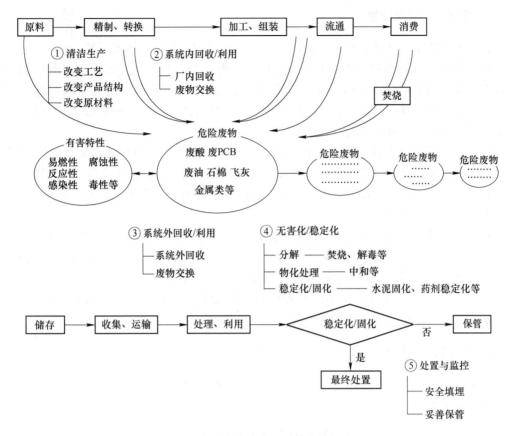

图 6-2-1 危险废物从产生到处置的全过程

容起来，以便运输、利用和处置。在一般情况下，固化过程是一种利用添加剂改变废物的工程特性（例如渗透性、可压缩性和强度等）的过程。稳定化过程是选用某种适当的添加剂与废物混合，以降低废物的毒性和减少污染物自废物到生态圈的迁移率，因而它是一种将污染物全部或部分地固定于作为支持介质的、黏结剂上的方法。固化可以看作是一种特定的稳定化过程，可以理解为稳定化的一个部分，但从概念上它们又有所区别。无论是固化还是稳定化，其目的都是减小废物的毒性和可迁移性，同时改善被处理对象的工程性质。

任务 6.3　污泥的处理技术

学习目标

（1）了解污泥的特性；

（2）学会污泥的处理方法；

（3）掌握污泥浓缩、污泥调理、污泥脱水和污泥干化技术。

在给水和废水处理中，不同处理过程产生的各类沉淀物、漂浮物等统称为污泥。污泥的成分、性质主要取决于处理水的成分、性质及处理工艺，其分类很复杂，有多种多样分类方法，并有不同的名称。

6.3.1 污泥的分类及特性

（1）按来源分，大致有给水污泥、生活污水污泥和工业废水污泥三类。

（2）根据污泥从水中分离过程可分为沉淀污泥（包括物理沉淀污泥、混凝污泥、化学污泥）及生物处理污泥（指污水在二级处理过程中产生的污泥，包括生物滤池、生物转盘等方法得到的腐殖污泥及活性污泥法得到的活性污泥）。现代污水处理厂污泥大部分是沉淀污泥和生物处理污泥的混合污泥。

（3）按污泥成分和性质可分为有机污泥和无机污泥。以有机物为主要成分的有机污泥可简称为污泥，其主要特性是有机物含量高、容易腐化发臭、颗粒较细、密度较小、含水率高且不易脱水，是呈胶状结构的亲水性物质，便于用管道输送。生活污水污泥或混合污水污泥均属有机污泥。

（4）以无机物为主要成分的无机污泥常称为沉渣，沉渣的特性是颗粒较粗、密度较大、含水率较低且易于脱水，但流动性较差，不易用管道输送。给水处理沉砂池以及某些工业废水物理、化学处理过程中的沉淀物均属沉渣，无机污泥一般是疏水性污泥。

（5）更常用的是按污泥在不同处理阶段分类命名：生污泥、浓缩污泥、消化污泥、脱水干化污泥、干燥污泥及污泥焚烧灰。

6.3.2 污泥的性质指标

为了合理地处理和利用污泥，必须先摸清污泥的成分和性质，通常需要对污泥的以下指标进行分析鉴定。

6.3.2.1 污泥的含水率、固体含量和体积

污泥中所含水分的含量与污泥总质量之比称为污泥含水率（%），相应地固体物质在污泥中质量比例称为固体含量（%）。污泥的含水率一般都很大，相对密度接近 1。主要取决于污泥中固体的种类及其颗粒大小。通常，固体颗粒越细小，其所含有机物越多，污泥的含水率越高。

6.3.2.2 污泥的脱水性能

为了降低污泥的含水率，减小体积，以利于污泥的输送、处理和处置，都必须对污泥进行脱水处理。不同性质的污泥，脱水的难易程度不同，可用脱水性能表示。

6.3.2.3 挥发性固体与灰分

挥发性固体能够近似地表示污泥中有机物含量，又称为灼烧减量。灰分则表示无机物含量，又称为固定固体或灼烧残渣。

6.3.2.4 污泥的可消化性

污泥中的有机物是消化处理的对象，其中一部分是能被消化分解的，另一部分是不易或不能被消化分解的，如纤维素等。常用可消化程度来表示污泥中可被消化分解的有机物数量。

6.3.2.5　污泥中微生物

生活污泥、医院排水及某些工业废水（如屠宰场废水）排出的污泥中，含有大量的细菌及各种寄生虫卵。为了防止在利用污泥的过程中传染疾病，必须对污泥进行寄生虫卵的检查并加以适当处理。

6.3.3　污泥处理的目的和方法

6.3.3.1　目　的

污泥处理的主要目的有三方面。

（1）降低水分，减少体积，以利于污泥的运输、储存及各种处理和处置工艺的进行。

（2）使污泥卫生化、稳定化。污泥常含有大量的有机物，也可能含有多种病原菌，有时还含其他有毒有害物质，必须消除这些会散发恶臭、导致病害及污染环境的因素，使污泥卫生而稳定无害。

（3）通过处理可改善污泥的成分和性质，以利于应用并达到回收能源和资源的目的。

随着废水处理技术的推广和发展，污泥的数量越来越大，种类和性质也更复杂。废水中有毒有害物质往往浓缩于污泥之中，所以无论从量到质，污泥是所有废物中影响环境，造成危害最为严重的因素，必须重视对污泥的处理和处置问题。

6.3.3.2　方　法

常用的污泥处理方法有浓缩、消化、脱水、干燥、焚烧、固化及最终处置。

由于污泥种类、性质、产生状态、来源及其他条件不同，可采取下述不同的处置方法：

（1）当污泥稳定、无流出和溶出、不发生恶臭、自燃等情况时，可以直接在地面弃置或考虑地耐力因素而作填埋处置。

（2）污泥虽含有机物会产生恶臭，但不致流出、溶出时，可选择适宜地区将污泥直接进行地面处置、分层填埋或土壤混匀处置，也可经燃烧、湿式氧化等方法把有机成分转换成稳定无害的物质（水、二氧化碳，氮气等），使所剩的无机物再进行地面处置或填埋处置。

（3）对于稳定、无害，在数量、浓度方面可通过水体自净作用加以净化的污泥，可直接排入指定地区的海域中。

（4）有环境影响，但为数不多的污泥，考虑其溶出、产生气体和恶臭、易着火等因素，需直接进行地下深埋。

（5）含有害物质的污泥，需经过固化处理（用水泥、石灰、水玻璃、各种树脂等作为胶结剂，在常温或150～300℃固化，或用固化剂在高温下烧结固化）之后再进行地上或海洋处置。

当污泥的处置存在困难又大量集中时，为了省资源省能源，需考虑污泥有用成分的回收利用。

污泥的处理和处置可在污水处理厂综合考虑解决，也可在专门建立的污泥处理厂进行。可以根据需要选用不同的污泥处理系统，常见的系统分为下述四类：

1）浓缩→机械脱水→处置脱水滤饼；
2）浓缩→机械脱水→焚烧→处置灰分；
3）浓缩→消化→机械脱水→处置脱水滤饼；
4）浓缩→消化→机械脱水→焚烧→处置灰分。

在决定污泥处理系统时，应当进行综合性研究。不仅要从社会效益、经济效益、环境效益全面衡量，还要对系统各处理工艺进行探讨和评价，最后进行选定。污泥浓缩、消化及脱水是应用最广的主要处理方法。

6.3.4　污泥浓缩

污泥含水率很高，一般有96%~99%，主要有间隙水（占污泥水分总量的70%）、毛细结合水（占20%）、表面吸附水、内部结合水等。污泥水分情况如图6-3-1所示。污泥浓缩的目的就是降低污泥中水分，缩小污泥的体积，但仍保持其流体性质，有利于污泥的运输、处理与利用。浓缩后污泥含水率仍高达85%~90%以上，可以用泵输送。污泥浓缩的方法主要有重力浓缩、气浮浓缩与离心浓缩。

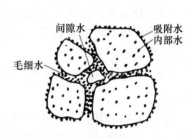

图6-3-1　污泥水分示意图

6.3.4.1　污泥中水分的存在形式及其分离性能

A　间隙水

被大小污泥块固体包围着的间隙水，并不与固体直接结合，作用力弱，因而很容易分离。这部分水是污泥浓缩的主要对象。当间隙水很多时，只需在调节池或浓缩池中停留几小时，就可利用重力作用使间隙水分离出来。间隙水约占污泥水分总量的70%。

B　毛细结合水

在细小污泥固体颗粒周围的水，由于产生毛细现象，可以构成如下几种结合水：在固体颗粒的接触面上由于毛细压力的作用而形成的楔形毛细结合水，充满于固体本身裂隙中的毛细结合水。各类毛细结合水约占污泥中水分总量的20%。

由毛细现象形成的毛细结合水受到液体凝聚力和液固表面附着力作用，要分离出毛细结合水需要有较高的机械作用力和能量，可以用与毛细水表面张力相反的作用力，例如离心力、负压抽真空、电渗力或热渗力等，常用离心机、真空过滤机或高压压滤机来去除这部分水。

C　表面吸附水

污泥常处于胶体状态，例如活性污泥属于凝胶，污泥的胶体颗粒很小，比表面积大，故表面张力作用吸附水分较多。表面吸附水的去除较难，特别是细小颗粒或生物处理后污泥，其表面活性及剩余力场强，黏附力更大，不能用普通的浓缩或脱水方法去除。常要用混凝方法加入电解质混凝剂，以达到凝结作用而易于使污泥固体与水分离。

D　内部（结合）水

一部分污泥水被包围在微生物的细胞膜中形成内部结合水。内部水与固体结合得很紧，要去除它必须破坏细胞膜。用机械方法是不能脱除的，但可用生物作用（好氧堆肥化、厌氧消化等）使细胞进行生化分解，或采用其他方法破坏细胞膜，使内部水变成外部液体从而进行去除。表面吸附水和内部水两部分水约占污泥中水分的 10%，都可以采用人工加热干化热处理或焚烧法去除。

6.3.4.2　重力浓缩

污泥浓缩的脱水对象主要是间隙水。浓缩是减少污泥体积最经济有效的方法，其中，利用自然的重力作用分离污泥液的重力浓缩是使用最广泛和最简便的浓缩方法。

进行污泥浓缩操作的构筑物称为浓缩池。重力浓缩可分为间歇式重力浓缩和连续式重力浓缩两种。间歇式重力浓缩主要用于小型处理厂或工业企业的污水处理厂；连续式重力浓缩主要用于大、中型污水处理厂。

间歇式重力浓缩池是间歇进泥，因此自投入污泥前必须先排除浓缩池已澄清的上清液，腾出池容，所以在浓缩池的不同高度处设有多个上清液排出口。间歇式浓缩池结构如图 6-3-2 所示。间歇式重力浓缩池操作管理较麻烦，且单位处理量污泥所需浓缩池体积较连续式大。

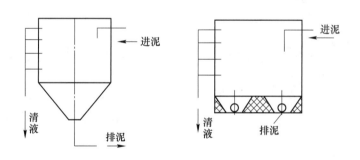

图 6-3-2　不带中心筒间歇式浓缩池

连续式重力浓缩池结构类似于辐流式沉淀池。一般是直径 5~20m 圆形或矩形钢筋混凝土构筑物。可分为有刮泥机和污泥搅动装置的浓缩池、不带刮泥机的浓缩池以及多层浓缩池三种。有刮泥机与搅拌栅的连续式浓缩池的结构如图 6-3-3 所示。该池是底面倾斜度很小的圆锥形沉淀池（水深约 3m），池底坡度一般用 1/100~1/12，污泥在水下的自然坡角为 1/20。进泥口设在池中心，池周围有溢流堰。自进泥口进的污泥向池的四周缓慢流动过程中，固体粒子得到沉降分离，分离液则越过溢流堰流入溢流槽。被浓缩沉降到池底的污泥，经过安装在中心旋转轴上的刮泥机很缓慢地旋转刮动，从排泥口用螺旋运输机或泥浆泵排出。为了提高浓缩效果和缩短浓缩时间，可在刮泥机上安装搅拌杆，刮泥机与搅拌杆的旋转速度应很慢，不致使污泥受到搅动，其旋转速度一般为 0.02~0.2m/s。搅拌作用可使浓缩时间缩短 4~5h。刮泥机上设置的垂直搅拌栅随刮泥机转动的线速度为 1m/min，每条栅条后面可形成微小涡流，造成颗粒絮凝变大，并可造成空穴，使颗粒间的间隙水与气泡逸出，浓缩效果可提高 20% 以上。

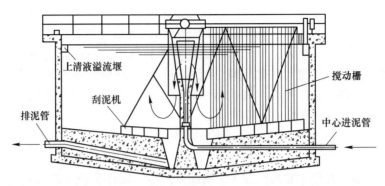

图 6-3-3　带刮泥机与搅拌栅的连续式重力浓缩池结构示意图

对于土地紧缺的地区，可考虑采用多层辐射式浓缩池，如图 6-3-4 所示。如不用刮泥机，可采用多斗连续式浓缩池，如图 6-3-5 所示，采用重力排泥，污泥斗锥角大于 55°，并设置可根据上清液液面位置任意调动的上清液排除管，排泥管从污泥斗底排除。

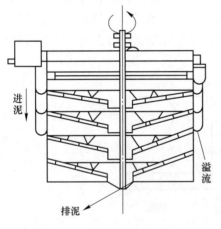

图 6-3-4　多层辐射式浓缩池

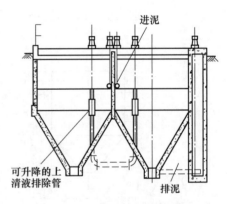

图 6-3-5　多斗连续式浓缩池

通常，重力浓缩池进泥可用离心泵，排泥则需要用活塞式隔膜泵、柱塞泵等压力较高的泥浆泵。重力浓缩法的优点是操作简便、维修管理及动力费用低；缺点是占地面积较大。

6.3.4.3　气浮浓缩

气浮浓缩与重力浓缩相反，是使微小空气泡吸附在悬浊污泥粒子上，以降低粒子的视密度随小气泡一同上浮而与水分离的一种方法。气浮浓缩适用于粒子易于上浮的疏水性污泥，或悬浊液很难沉降且易于凝聚的场合。

气浮到水面的污泥用刮泥机刮除，澄清水从池子底部排出，一部分水加压回流，混入压缩空气，通过溶气罐，供给所需的微气泡。气浮浓缩的典型工艺流程如图 6-3-6 所示。

在一定的温度下，空气在液体中的溶解度与空气受到的压力成正比，即服从亨利定律。当压力恢复到常压后，所溶空气即变成微细气泡从液体中释放出。大量微细气泡附着在污泥颗粒的周围，可使颗粒密度减少而被强制上浮，达到浓缩的目的。

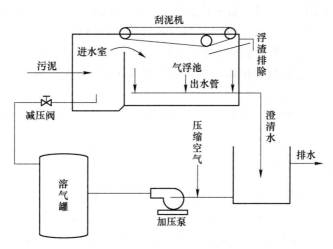

图 6-3-6　气浮浓缩的典型工艺流程

　　气浮的关键在于产生微气泡并使其稳定地附着于污泥颗粒上面产生上浮作用。按产生微气泡方式的不同，可分为电解气浮、散气气浮和溶气气浮三种。污泥浓缩气浮主要采用的是溶气气浮法，又可分为加压气浮及真空气浮，目前对加压气浮的研究与应用较多。

　　按气浮原理，气浮适宜的对象是疏水性污泥，但气浮对象如果是絮凝体，由于在絮凝的过程中，捕获了上升中的气泡以及絮凝体对气泡的吸附作用，从而絮体的密度减轻而达到气浮的目的。所以活性污泥虽属亲水性物质，但由于它是絮凝体，相对密度约 1.002~1.008，比表面积大，很适宜于气浮。此外，好氧消化污泥、接触稳定污泥、不经初次沉淀的延时曝气污泥和一些工业的废油脂及废油也适于气浮浓缩。初次沉淀污泥、腐殖污泥与厌气消化污泥等，由于其密度较大，沉降性能较好，因此重力浓缩比气浮浓缩更为经济。

　　气浮浓缩池有圆形与矩形两类，结构如图 6-3-7 所示。圆形气浮浓缩池的刮浮泥板、刮沉泥板都安装在中心旋转轴上一起旋转。矩形气浮浓缩池的刮浮泥板与刮沉泥板由电机及链带连动刮泥。

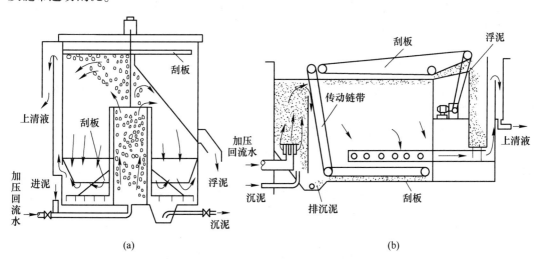

图 6-3-7　气浮浓缩池结构图

（a）圆形气浮池；（b）矩形气浮池

　　与重力浓缩法相比，气浮浓缩法具有以下优点：（1）浓缩度高（污泥中固体物含量可浓缩到 5%~9% 或更高）；（2）固体物质回收率高达 99% 以上；（3）浓缩速度快，停留时间短（一般处理时间约为重力浓缩所需时间的 1/3 左右），因此设备简单紧凑，占地面积较小；（4）对于污泥负荷变化和四季气候改变均能稳定运行，即操作弹性大；（5）由于污泥混入空气，不易腐败发臭。

　　但缺点是基建费用和操作费用较高，管理较复杂，如气浮浓缩的操作运行费用较重力浓缩高约 2~3 倍。

6.3.4.4　离心浓缩

　　离心浓缩法的原理是利用污泥中的固体、液体的密度及惯性差在离心力场所受到的离心力的不同而被分离。由于离心力远大于重力，因此离心浓缩法占地面积小、造价低，但运行费用与机械维修费用较高，故较少用于污泥的浓缩。特别对于可用不加药剂的气浮法或重力沉降法就能有效浓缩的污泥，从经济观点出发，更不宜使用离心机。用于离心浓缩的离心机有卧式转盘式离心机、筐式离心机（三足式离心机）、转鼓离心机等多种形式。离心筛网浓缩器亦是一种利用离心力的浓缩方式。

6.3.5　污泥调理

6.3.5.1　污泥调理的方法

　　污泥调理是为了提高脱水效率的一种预处理，是为了经济的进行后续处理而有计划改善污泥性质的措施。污泥调理方法有洗涤（淘洗调节）、加药（化学调节）、热处理及冷冻熔融法。以往主要采用洗涤法和以石灰、铁盐、铝盐等无机混凝剂为主要添加剂的加药法，近年来，高分子混凝剂得到广泛应用，并且后两种方法也受到重视。特别在以污泥作为肥料再利用时，为了不使有效成分分解，采用冷冻熔融是有益的。在有液化石油气废热可利用时，用冷冻熔融法更为有利。

　　选择上述调理工艺时，必须从污泥性状、脱水的工艺、有无废热可利用及与整个处理、处置系统的关系等方面综合考虑决定。

6.3.5.2　污泥的洗涤

　　污泥的选涤适用于消化污泥的预处理，目的是节省加药（混凝剂）用量，降低机械脱水的运行费用。

　　污泥加药调节所用的混凝剂，一部分消耗于挥发性固体（中和胶体有机颗粒），另一部分消耗于污泥水中溶解的生化产物。生污泥经过厌氧消化的甲烷发酵期，会同时生成钙、镁、铵的重碳酸盐，使消耗于液相组分的混凝剂数量激增。污泥水的重碳酸盐碱度的浓度可由数百 mg/L 增加到 2000~3000mg/L。按固体量计算。碱度增加 60 倍以上。如果先不除去重碳酸盐，就要消耗大量药剂用于下述反应。

　　铁盐混凝剂：

$$FeCl_3 + 3NH_4HCO_3 \longrightarrow Fe(OH)_3 \downarrow + 3NH_4Cl + 3CO_2$$
$$2FeCl_3 + 3Ca(HCO_3)_2 \longrightarrow Fe(OH)_3 \downarrow + 3CaCl_2 + 6CO_2$$

铝盐混凝剂：

$$Al^{3+} + 3HCO_3 \longrightarrow Al(OH)_3 \downarrow + 3CO_2$$

$$Al_2(SO_4)_3 + 3Ca(HCO_3)_2 \longrightarrow 2Al(OH)_3 \downarrow + 3CaSO_4 + 6CO_2 \uparrow$$

按上述反应计算，1 份重碳酸盐碱度（以 $CaCO_3$ 计）要消耗 1.16 份 $FeCl_3$ 或 1.14 份 $Al_2(SO_4)_3$。由于消化后碱度增加几十倍，因此液相组分的混凝剂是很不经济的，需要进行污泥的洗涤处理，洗涤用水为污泥的 2~5 倍，目的就是降低碱度，节省混凝剂用量。

对于消化污泥来说，仅用加药调理法（用 $FeCl_3$）的效果差，需要混凝剂量也多，洗涤法的效果较好，洗涤后加药调理效果最好，达到同样的比阻抗值，可节省大量的混凝剂。加以使比阻抗值降低到 $0.1×10^9 s^2/g$ 为例，加药调理法需投加 $FeCl_3$ 约 14%，而洗涤后，只需加 $FeCl_3$ 约 3%，或加聚合氯化铝约 0.8%。一般情况下，经洗涤以后，混凝剂的消耗量可节约 50%~80%。一般经验，进行机械脱水的污泥，其比阻抗值在 $(0.1~0.4)×10^9 s^2/g$ 之间较为经济。各种污泥比阻抗值均大于此值。

洗涤水可用二次沉淀池出水或河水，污泥洗涤过程包括用洗涤水稀释污泥、搅拌、沉淀分离撇除上清液。

由于颗粒大小不同有不同的沉降速度及有机微粒的亲水性，故污泥洗涤能去除部分有机微粒，还能降低污泥的黏度，所以能提高污泥的浓缩、脱水效果。但是当循环用水时，有机微粒会逐渐在水中富集。故洗涤后上清液 BOD_5 与悬浮物浓度常高达 2000mg/L 以上，必须回流到污水处理厂处理，不能直接排放。

另外，洗涤水会将污泥中氮带走，降低污泥的肥效。所以当污泥用作土壤改良剂或肥料时，不一定采用洗涤工艺。对浓缩生污泥来说，洗涤的效果较差，这时可采取直接加药的方式进行调理。

6.3.5.3 加药调理（化学调节）

加药调理就是在污泥中加入助凝剂、混凝剂等化学药剂，促使污泥颗粒絮凝，改善其脱水性能。

A 助凝剂

助凝剂本身一般不起混凝作用，而在于调节污泥的 pH 值，供给污泥以多孔状网格的骨骼，改变污泥颗粒结构，破坏胶体的稳定性，提高混凝剂的混凝效果，增强絮体强度。

助凝剂主要有硅藻土、珠光体、酸性白土、锯屑、污泥焚烧灰、电厂粉尘及石灰等惰性物质。

助凝剂的使用方法有两种：一种是直接加入污泥中，投加量一般为 10~100mg/L；另一种是配制成 1%~6% 糊状物，预先粉刷在转鼓真空过滤介质上，成为预覆助滤层，随着转鼓的转动，每周刮去 0.01~0.1mm。待刮完后再涂上。

B 混凝剂

污泥调理常用的混凝剂包括无机混凝剂与高分子混凝剂两大类。无机混凝剂是一种电解质化合物，主要有铝盐［硫酸铝 $Al_2(SO_4)_3 \cdot 18H_2O$、明矾及三氯化铝 $AlCl_3$ 等］和铁盐［三氯化铁 $FeCl_3$、绿矾 $FeSO_4 \cdot 7H_2O$、硫酸铁 $Fe_2(SO_4)_3$ 等］，高分子混凝剂是高分子聚合电解质，包括有机合成剂及无机高分子混凝剂两种。

国内广泛使用高聚合度非离子型聚丙烯酰胺（PAM）（简称聚丙烯酰胺，又叫三号混凝剂）及其变性物质。无机高分子混凝剂主要是聚合氯化铝（PAC）。

使用混凝剂需注意如下几点：

（1）当用三氯化铁和石灰剂时，需先加铁盐再加石灰，这时过滤速度快，可节省药剂；反之则不能。

（2）高分子混凝剂与助凝剂合用时，一般应先加助凝剂压缩双电层，为高分子混凝剂吸附污泥颗粒创造条件，才能最有效地发挥混凝剂的作用。高分子混凝剂与无机混凝剂联合使用，也可以提高混凝效果。

（3）机械脱水方法与混凝剂类型有一定关系，通常，真空过滤机使用无机混凝剂或高分子混凝剂效果差不多，压滤脱水对混凝剂的适应性也较强。离心脱水要求使用高分子混凝剂而不宜使用无机混凝剂。

（4）泵循环混合或搅拌均会影响混凝效果，增加过滤比阻抗，使脱水困难。故需注意适度进行。

6.3.5.4　热处理

将污泥加热，可使部分有机物分解及亲水性有机胶体物质水解，同时污泥中细胞被分解破坏，细胞膜中水游离出来，故可提高浓缩性与脱水性能。这种过程称为污泥的热处理，也叫蒸煮处理。对于脱水性能差的活性污泥特别有效。这是由于活性污泥的泥团内含有内部水，即使用添加剂脱水，这些水分也难以分离，通过加热处理，可使细胞分解、蛋白质原生质被释放的同时，蛋白质和胶质细胞膜被破坏，形成由可溶性蛋白酶（缩多氨酸）、氨氮、挥发酸及碳水化合物组成的褐色液体，留下矿物质和细胞膜碎片，故提高了污泥的沉降性能和脱水性能。

热处理法可分为高温加压处理法与低温加压处理法两种。

（1）高温加压处理法。高温加压处理法是把污泥加温到 $170\sim200℃$，压力为 $10\sim15MPa$，反应时间 $1\sim2h$。热处理后的污泥，经浓缩即可使含水率降低到 $80\%\sim87\%$，比阻抗降低到 $0.1\times10^9 s^2/g$。再经机械脱水，泥饼含水率可降低到 $30\%\sim45\%$。

（2）低温加压处理法。高温高压处理后的分离液中溶解性物质比原污泥高约 2 倍，分离液需要进行处理。所以考虑用低温加压处理，该法反应温度较低（在 $150℃$ 以下），有机物的水解受到控制，与高温加压法比较，分离液中的 BOD_5 浓度低 $40\%\sim50\%$，锅炉容量可减少 $30\%\sim40\%$，臭气也比较少。

6.3.5.5　冷冻熔融处理法

冷冻熔融法是为了提高污泥的沉淀性能和脱水性而使用的预处理方法。污泥一旦冷冻到 $-20℃$ 后再熔融，因为温度大幅度变化，使胶体脱稳凝聚且细胞膜破裂，细胞内部水分得到游离，从而提高了污泥的沉淀性能和脱水性。

6.3.6　污泥脱水

为了有效而经济的进行污泥干燥、焚烧及进一步处置，必须充分地脱水而减量化，使污泥当作固态物质来处理，所以在整个污泥处理系统中，过滤、脱水是最重要的减量化手段，也是不可缺少的预处理工序。

污泥脱水包括自然干化与机械脱水，其本质上都属于过滤脱水范畴，基本理论相同。

6.3.6.1 过滤基本理论

过滤是给多孔过滤介质（简称滤材）两侧施加压力差而将悬浊液过滤分成滤渣及澄清液两部分的固液分离操作。过滤操作处理的悬浊液（如污泥）称为滤浆，所用的多孔物质称为过滤介质，通过介质孔道的液体称为滤液，被截留的物质称为滤饼或泥饼。

产生压力差（过滤的推动力）的方法有四种：（1）依靠污泥本身厚度的静压力（如污泥自然干化场的渗透脱水）；（2）在过滤介质的一面造成负压（如真空过滤脱水）；（3）加压污泥把水分压过过滤介质（如压滤脱水）；（4）产生离心力作为推动力（如离心脱水）。

6.3.6.2 过滤介质

过滤介质是滤饼的支撑物，它应具有足够的机械强度和尽可能小的流动阻力。工业上常用的过滤介质主要有以下几类：

（1）织物介质。又称滤布，包括由棉、毛、丝、麻等天然纤维及由各种合成纤维制成的织物，以及用玻璃丝、金属丝等织成的网状物，织物介质在工业上应用最广。

（2）粒状介质。包括细砂、木炭、石棉、硅藻土等细小坚硬的颗粒状物质，多用于深层过滤。

（3）多孔固体介质。是具有很多微细孔道的固体材料，如多孔陶瓷、多孔塑料、多孔金属制成的管或板。此类介质多耐腐蚀，且孔道细微，适用于处理只含少量细小颗粒的腐蚀性悬浮液及其他特殊场合。

在污泥机械脱水中，滤布起着重要作用，影响脱水的操作与成本，因此必须认真地选择。对于不同的污泥、不同的脱水机械，可以采用不同的试验方法，确定最佳滤布。

各种滤布中，棉、毛、麻织品的使用寿命较短，约 400~1000h，不锈钢丝网耐腐蚀性强，但价格昂贵，毛纤织物符合机械脱水的各项要求，使用寿命一般可达 5000~10000h。目前，棉织物的应用逐渐减少，而涤纶、棉纶及维纶等的使用逐渐增加。

6.3.6.3 过滤脱水设备

真空过滤脱水设备是转鼓式真空过滤机；压滤脱水设备主要有自动板框压滤机和厢式全自动压滤机两种；滚压脱水设备和离心机以及造粒脱水机。

A 真空过滤脱水机

目前普遍使用的真空过滤脱水设备是转鼓式真空过滤机，结构如图 6-3-8 所示。该机由空心转筒、分配头、污泥储槽、真空系统和压缩空气系统组成。在空心转筒的表面覆盖有过滤介质（滤布），并浸在污泥储槽内，浸没深度一般为 1/3 转筒直径。转筒用径向隔板分隔成许多扇形间格，每格有单独的连通管与分配头相接。分配头由两片紧靠在一起的转动部件和固定部件组成。固定部件有缝与真空管路相通，孔与压缩空气管路相通。转动部件有一系列小孔，每孔通过连通管与各扇形间格相连。转筒旋转时，由于真空作用，将污泥吸附在过滤介质上，液体通过过滤介质沿真空管路流到气水分离罐。吸附在转筒上的滤饼转出污泥槽的污泥面后，如果扇形间格的连通管在固定部件的缝范围内，则处于真空区Ⅰ（滤饼形成区），真空区Ⅱ（吸干区或称干化区）继续吸干水分。当管孔与固定部件的孔相通，便进入反吹区Ⅲ，与压缩空气管路相通，滤饼被反吹松动，并被刮刀剥落。剥落的滤饼用皮带输送器送走。可见，转筒每旋转一周，依次经过滤饼形成区Ⅰ、吸干区Ⅱ、反吹区Ⅲ和休止区Ⅳ（主要起正压与负压转换时的缓冲作用）。

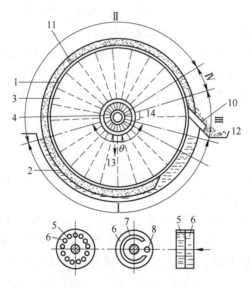

图 6-3-8　转鼓式真空过滤机

Ⅰ—滤饼形成区；Ⅱ—吸干区；Ⅲ—反吹区；Ⅳ—休止区
1—空心转筒；2—污泥槽；3—扇形格；4—分配头；5—传动部件；6—固定部件；
7—与真空泵相通的缝；8—与空压机通的孔；9—与各扇形格相通的孔；10—刮刀；11—泥饼；
12—皮带输送器；13—真空管路；14—压缩空气管路

转鼓真空过滤机的主要缺点是：过滤介质紧包在转鼓上，清洗再生不充分，容易堵塞，影响过滤效率。

B　压滤脱水机

常用的压滤脱水设备主要有自动板框压滤机和厢式全自动压滤机两种。

自动板框压滤机由主梁、滤布、固定压板、滤板、滤框、活动压板、压紧机构、洗刷槽等组成。其结构如图 6-3-9 所示。两根主梁把固定压板与压紧机构连在一起，构成机架。在固定压板和活动压板之间依次交替排列着滤板和滤框。全机共用一条涤纶环形滤布绕夹在板与框之间。压紧机构驱使活动板带动滤板和滤框在主梁上行走，用以压紧和拉开板框。在滤板和滤框四周均有耳孔，板框压紧后形成暗通道，分别为进泥口、高压水进口、滤液出口以及压干、正吹、反吹和压缩空气通道。滤布在驱动装置下行走，通过洗刷槽进行清洗，使滤布得以再生。

工作原理如图 6-3-10 所示。滤布夹在滤框和滤板之间，绕行在上滚筒和下滚筒上。滤框内腔隔板分成两室，滤框外面套一橡胶膜，滤框上方有进料口。滤板两侧镶装多孔网板，用以排泄滤液和支承压干滤饼。压滤机工作时，先启动压紧机构，污泥通过进料口均匀进入滤框两侧，形成两块滤饼。然后用 (5~6)×9.8kPa 压力的压缩空气通过滤框内腔，吹鼓橡胶膜，挤出污泥水分，压干滤饼，使压紧电动板反转，自动拉开板框，此时橡胶膜

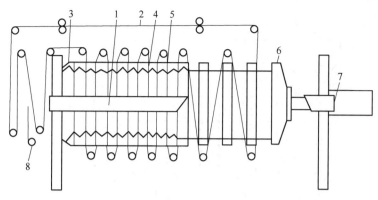

图 6-3-9　自动板框压滤机结构图

1—主梁；2—滤布；3—固定压板；4—滤板；5—滤框；
6—活动压板；7—压紧机构；8—洗刷槽

恢复原状，将滤饼弹出滤腔，滤饼自动卸料。

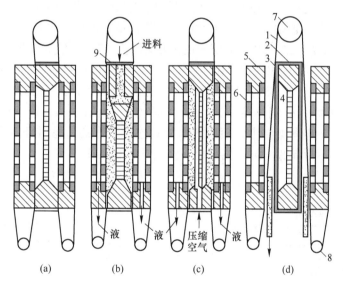

图 6-3-10　自动板框压滤机工作原理

（a）压紧板框；（b）进料；（c）压干；（d）卸料

1—滤布；2—滤框；3—橡胶膜；4—隔板；5—滤板；6—多孔网板；
7—上滚筒；8—下滚筒；9—进料口

厢式全自动压滤机只有滤板，没有滤框。污泥由泵加压后从中心进泥管进入，通过两侧滤布的滤液由滤板的出液口排出。图 6-3-11 所示为该种压滤机的工作状态。滤板两面设有凸条和凹槽。凸条支承滤布，凹槽排除滤液。

C　滚压脱水机

滚压脱水机由滚压轴和滤布组成，其工作原理如图 6-3-12 所示，是先将污泥浆进行化学调理后，给入浓缩段，依靠重力作用浓缩脱水，使污泥失去流动性，不致在压榨时被挤出滤布带。浓缩段的浓缩时间一般为 10~20s，然后进入压榨段，依靠滚压轴的压力与滤布的张力榨去污泥中的水分，压榨段的压榨时间约为 1~5min。压榨的方式取决于污泥

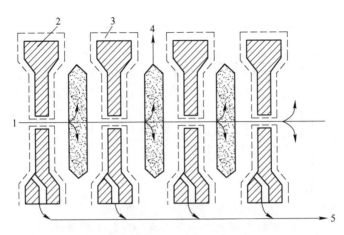

图 6-3-11　厢式全自动压滤机工作状态
1—污泥；2—滤板；3—滤布；4—滤饼；5—滤液

的特性。一般分为对置滚压式和水平滚压式两种。对置滚压式的滚压轴处于上下垂直的相对位置。压榨时间几乎是瞬时的，接触时间短，污泥所受的压力（P）等于滚压轴施加压力（F）的 2 倍，即 $P=2F$。水平滚压式的滚压轴上下错开，依靠滚压轴施加压力（F）对滤布造成的张力（T）压榨污泥。由于张力（T）受滤布物理强度的限制，所以压榨的压力较对置滚压式的小，压榨时间长。但在压榨过程中，由于滚压轴对两层滤布的旋转半径不同，内侧半径为 r，外侧半径为 R，压榨时产生一个位差（ΔS），对污泥产生剪切作用，使滤饼脱水。在实际操作中，滚压脱水机是连续工作的，滤饼经多次反复的压榨脱水，使滤饼含水率不断降低。滚压脱水是一种很复杂的现象。

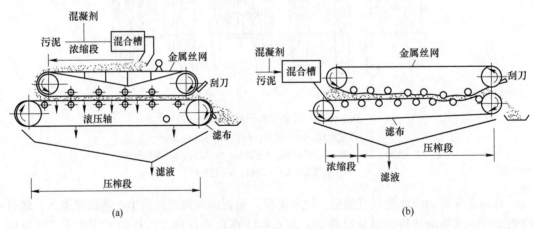

(a)　　　　　　　　　　　　　　　　(b)

图 6-3-12　滚压带式脱水机工作原理
（a）对置滚压式；（b）水平滚压式

D　离心脱水机

在污泥离心脱水中，常用的离心脱水设备有以下几种类型：按分离因数的大小可分为高速离心脱水机（分离因数 $a>3000$）；中速离心脱水机（分离因数 a 为 1500~3000）；低速离心脱水机（分离因数 a 为 1000~1500）三种。按离心脱水原理可分为离心过滤机、离心沉降脱水机和沉降过滤式离心机三种。

离心过滤机有圆锥形和圆筒形两种。结构如图 6-3-13 所示，离心过滤机主要用于粗粒沉渣的脱水，由于该设备存在滤网堵塞和磨损等机械部分问题，因此在污泥脱水中应用不是很普遍。

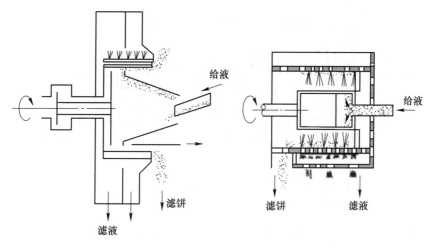

图 6-3-13　离心过滤机结构图

（a）圆锥形；（b）圆筒形

离心沉降脱水机也有圆锥形和圆筒形两种。圆锥形离心沉降脱水机的转筒为圆锥形，结构如图 6-3-14 所示。外筒内有主螺旋输送器和中心输泥器。污泥由中心输泥管送入分离液室，被分离成澄清液和泥饼。在分离室内，液体越接近于分离液出口，其离心力越大，浓缩污泥排出方向与分离液排出方向相同，因此，它的离心力也逐渐变大，从而提高了固液分离效果。污泥浓缩后，被推送到外筒的主螺旋输泥器上，并继续缓慢脱水，最后从滤饼出口排出。

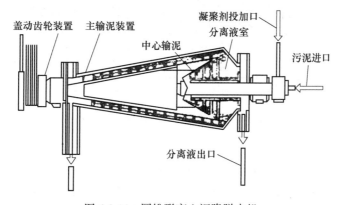

图 6-3-14　圆锥形离心沉降脱水机

圆筒形离心沉降脱水机的构造如图 6-3-15 所示。由螺旋输送器、转筒、空心转轴、罩盖及驱动装置组成。螺旋输送器与转筒由驱动装置传动，向同一个方向转动，但两者之间有一个小的速差，依靠这个速差的作用，螺旋输送器能够缓慢地输送浓缩的污泥饼。污泥由空心转轴送入转筒后，在高速旋转产生的离心力作用下，密度大的固体颗粒浓集在转筒壁的内壁，密度小的液体汇集在污泥的面层，进行固液分离。分离液从转筒末端流出，浓集的污泥在螺旋输送器的缓慢推动下，被刮向锥体的末端排出，并在刮向排出口的过程中继续进行固液分离，而压实成滤饼。

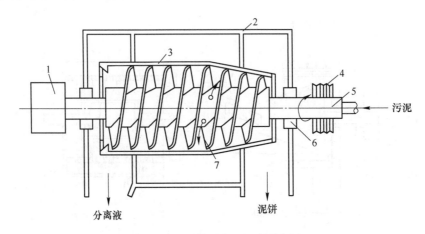

图 6-3-15 圆筒形离心沉降脱水机

1—变速箱；2—罩盖；3—转筒；4—驱动轮；5—空心轴；6—轴承；7—螺旋输送器

沉降过滤式离心机是沉降与过滤组合的一种新型脱水设备，因此具有两者的优点，其工作原理如图 6-3-16 所示。进入离心机的污泥，先经离心沉降段，使污泥颗粒沉降于转筒壁上，并挤出其中大部分液体，随后螺旋将浓缩的污泥推入离心过滤段进一步脱水后排出。

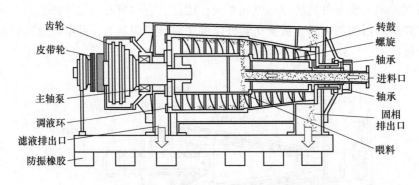

图 6-3-16 沉降过滤式离心机工作原理图

E 造粒脱水机

造粒脱水机是近年发展起来的一种新型设备。在使用高分子混凝剂进行泥渣脱水时，发现泥渣微粒可以直接形成含水较低而致密的泥丸，在此基础上研制了造粒脱水机，其结构示意图如图 6-3-17 所示。由圆筒和圆锥组成，设备水平放置，分为造粒段、脱水段和压密段。圆筒的转速较低，线速度一般为 $0.5 \sim 3\text{m/min}$。造粒段的圆筒内壁上设有螺旋板形成螺旋输送器。经化学调理后的污泥首先进入造粒段，随着机体的缓慢旋转，滚动着的污泥向前推进。在重力及高分子混凝剂的作用下，逐渐絮凝，形成泥丸。在污泥脱水段与造粒段之间有一隔板，隔板的中心位置设有溢流管，造粒段形成的泥粒从孔口进入污泥脱水段脱水，水分从泄水缝泄出。泥丸在螺旋板提升作用下进入压密段压密脱水，形成粒大体重的泥丸，最后从筒体末端排出。溢流管在工常情况下不出水，只有超载时，多余的水才由溢流管溢出。在压密段中，泥丸失去浮力，在重力作用下进一步压密脱水，形成粒大体重的泥丸，最后经提泥螺旋板由筒体末端送出筒外。

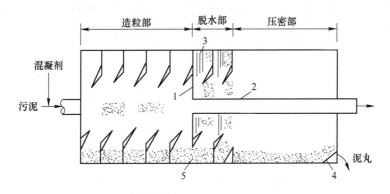

图 6-3-17　造粒脱水机结构示意图

1—隔板；2—溢流管；3—泄水缝；4—提泥螺旋板；5—孔口

以上几种污泥脱水设备的优缺点及适用范围列于表 6-3-1 中。

表 6-3-1　几种污泥脱水设备的优缺点及适用范围

脱水设备类型	优　点	缺　点	适用范围
真空过滤机	能连续操作，运行平稳，可以自动控制，处理量较大	污泥脱水前需要进行预处理，附属设备多，工序复杂，运行费用高，滤饼含水率较高	适用于各种污泥脱水
板框式压滤机	制造较方便，适应性大，自动压滤机进料、卸料，滤饼可自动操作，滤饼含水率较低	间歇操作，处理量较低	适用于各种污泥脱水
滚压脱水机	可连续操作，设备构造简便，滤饼含水率较低	操作麻烦，处理量较低	不适用黏性较大污泥脱水
离心脱水机	占地面积小，附属设备少，投资低，自动化程度高	分离液不清，电耗量较大，机械部件磨损较大	不适用含砂量较高的污泥脱水
造粒脱水机	设备简单，电耗低，管理方便，处理量大	钢材消耗量大，混凝剂消耗量较大，污泥泥丸紧密性较差	适用于含油污泥的脱水

6.3.7　污泥干化

污泥干化（sludge drying），是通过渗滤或蒸发等作用，从污泥中去除大部分含水量的过程，一般指采用污泥干化场（床）等自蒸发设施。污泥中含水率较高，最自然简单的方法就是采用污泥自然干化的方法。

目前污泥干化的工艺比较多，有带式干化、薄层干化、流化床干化、桨叶式干化等。

带式干化为中低温干化（≤150℃或≤100℃），其余为高温干化（≥200℃）。带式干化工艺流程如图 6-3-18 所示。带式干化采用热电工段多余的低温蒸汽作为热源，节省大量的热能。污泥本身在蒸发时温度不超过 80℃，因此不存在燃烧、爆炸等危险，因此系统是很安全的。无需对氧浓度进行控制，也无须导入惰性气体。采用闭环环风工艺，工艺气体在干燥设备内循环工作。从干燥腔出来的气体先通过冷凝器将气体进行冷凝，去除水分后再进入干化机，只有少量气体（400m³/h）进入生物过滤器。

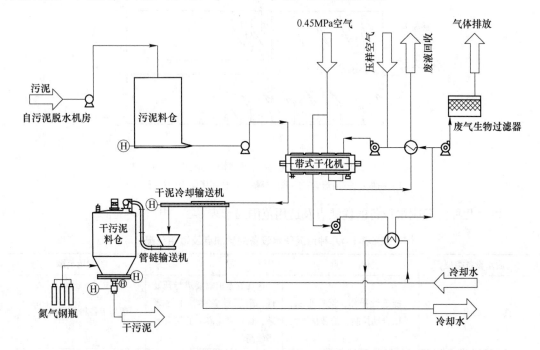

图 6-3-18　带式干化工艺流程

6.3.8　污泥的处理利用

6.3.8.1　有机污泥的处理利用

有机污泥可用作农田林地肥料、回收能源、生产建筑材料等。

A　农田林地肥料

污泥中所含有的氮、磷、钾及微量元素是农作物生长所需的营养成分；有机腐殖质是良好的土壤改良剂；蛋白质、脂肪、维生素是动物的饲料成分。污泥农田林地利用是最佳的利用方式，但在综合利用前应进行堆肥处理，以杀死病菌及寄生虫卵，免除对植物和土壤的污染。另外，污泥中重金属含量一般都较高，故当作肥料使用时，必须符合我国《农用污泥污染物控制标准》（GB 4284—2018）的要求。

（1）生产堆肥。将污泥与调理剂及膨胀剂在一定的条件下进行好氧堆沤，即污泥的堆肥化。调理剂的作用是调节堆肥适宜的碳氮比和水分，以满足微生物降解有机物的需要，并可得到氮、磷、钾含量较高的有机肥。常用的调理剂是秸秆、锯末、树叶、粪便、生活垃圾等。膨胀剂的作用是改善堆肥的松散性，增加污泥与空气的接触，以便好氧发酵，还可调整湿度。常用木屑、秸秆、树叶、花生壳、玉米芯等作膨胀剂。随着污泥处理技术的发展，污泥堆肥化的工艺也在不断发展更新，从原始的发酵、自然通风发酵，逐渐发展到现代的机械通风、高温好氧发酵法。污泥经堆肥化后，病原菌、寄生虫卵、杂草种子等几乎全部被杀死，挥发性成分减少，臭味减低，重金属有效态的含量也会降低，速效养分含量有所增加，污泥成为一种比较干净而且性质比较稳定的物质，可作为农田、绿地、果园、菜园、苗圃、庭院绿化、风景区绿化等的种植肥料。

（2）生产复混肥。污泥堆肥产品还可与市售的无机氮、磷、钾化肥复合生产有机-无机复混肥。该复混肥集生物肥料的长效、化肥的速效和微量元素的增效于一体，在向农作物提供速效肥源的同时，还能向农作物根系引植有益微生物，充分利用土壤潜在肥力，并提高化肥利用率。另外，还可根据不同土壤的肥力和不同作物的营养需求，合理设计复混肥各组分的比例，生产通用复混肥及针对不同作物的专用复混肥。

B　回收能源

污泥中的有机物，有一部分能够被微生物分解，生成水、甲烷和二氧化碳。另外，干污泥具有热值，可以燃烧。因此，通过制沼气、燃烧及制成燃料等方法，可以回收污泥中的能量。此外，目前正在发展的低温热解新热能利用技术，即在 $400 \sim 500$ ℃常压和缺氧条件下，借助污泥中所含的硅酸铝和重金属的催化作用将污泥中的脂类和蛋白质转变成碳氢化合物，最终产物为燃料油、燃料气和炭。热解前的污泥干燥就可利用这些低级燃料（燃料气、炭）的燃烧来提供能量实现能量循环，热解生成的油（质量上类似于中号燃料油）还可用来发电。

C　生产建筑材料

污泥中的无机成分和有机成分可分别用于生产水泥、砖、纤维板、陶料等建筑材料。

用污泥生产水泥时，污泥中的可燃物在煅烧过程中产生的热量，可以在煅烧水泥熟料时得到充分利用，污泥中的重金属在熟料烧成过程中参与了熟料矿物的形成反应，被结合进熟料晶格中，因此，用污泥作为原料生产水泥，除可实现资源、能源的充分利用外，还可以中和吸收其中的有毒有害物质，使危害减到最小，近年来受到广泛关注。污泥具有较高的烧失量，扣除烧失量后的化学成分与黏土相似，可代替黏土作为生产水泥的生料配料，理论上约可代替 30% 的黏土。例如，生态水泥以污泥、垃圾焚烧灰、石灰石及适量黏土作为原料烧制，制作工艺与普通硅酸盐水泥基本相同。

污泥制砖的方法有两种：一种是用干污泥直接制砖；另一种是用污泥焚烧灰渣制砖。用干污泥直接制砖时，应该在成分上做适当调整，使其成分与制砖黏土的化学成分相当。当污泥与黏土按质量比 1:10 配料时，污泥砖基本上与普通红砖的强度相当。污泥干燥后，粉碎成制砖要求的粉粒，掺入黏土与水，混合搅拌均匀，经制坯成型，焙烧成砖。污泥焚烧灰的化学组成与制砖黏土的化学组成相近，因此，污泥焚烧灰可代替黏土制砖。制坯时只需添加适量黏土与硅砂，比较适宜的配料比为：焚烧灰：黏土：硅砂 = 100:50:(15~20)。

活性污泥中的有机成分粗蛋白（约占 30%~40%）与酶等属于球蛋白，能溶解于水及稀酸、稀碱、中性盐的水溶液。在碱性条件下，加热、干燥、加压后会发生一系列的物理、化学性质的改变，称为蛋白质的变性作用。利用这种变性作用能制成活性污泥树脂

（又称蛋白胶），与纤维胶合起来压制成板材，可制成生化纤维板。

如前所述，污泥扣除烧失量后其化学成分与黏土相近，理论上可代替部分黏土参与陶粒的配料。过去，在用污泥做陶粒时，一般仅将污泥作为辅助配料使用，如生产污泥粉煤灰陶粒、污泥黏土陶粒等。污泥粉煤灰陶粒的大致配比为粉煤灰（干排灰）65%~70%，脱水污泥（含水 70%~80%）20%~25%，结合剂 7.5%~8%。污泥-黏土超轻陶粒的参考配比为干脱水污泥 30%~35%，黏土 60%~65%，复合外加剂适量。生产过程为粉煤灰（黏土）、脱水污泥和外加剂→混合均匀→成球→干燥→预热→焙烧→冷却→产品。轻质陶粒一般可作路基材料、混凝土骨料或花卉覆盖材料使用，但由于成本和商品流通上的问题，还没有得到广泛应用。近年来日本将其作为污水处理厂快速滤池的滤料，代替目前常用的硅砂、无烟煤，取得了良好的效果。轻质陶粒作快速滤池填料时，孔隙率大，不易堵塞，反冲洗次数少。其相对密度大，反冲洗时流失量少，滤料补充量和更换次数也比用普通滤料少。

6.3.8.2　无机污泥的处理利用

电镀污泥、含汞泥渣、含砷泥渣等工业污泥中往往含有 Hg、Cd、Pb、Cr、As 等生物毒性显著的重金属和非金属元素。另外，还含有具一定毒性的 Zn、Cu、Co、Ni、Sn 等一般重金属。这类污泥可以通过稳定化固化处理后进行填埋处置或作路基材料和建筑材料使用。

6.3.9　污泥的处置

目前，尚无法处理利用的污泥需进行填埋处置，以保护生态环境。污泥可单独填埋，也可与垃圾等其他固体废物一起填埋。污泥填埋的操作要求与垃圾填埋相类似。污泥填埋场的渗滤液含高浓度有机物和重金属有毒有害元素，必须集中加以处理。污泥填埋场四周应设围栏，并采取相应的防蚊蝇、防鼠措施。

任务 6.4　工矿业固体废物的处理与利用

学习目标

（1）了解工矿业固体废物的种类及特点；

（2）熟悉粉煤灰、煤矸石、钢渣等固体废物的处理技术。

工业固体废物是指工业生产、加工过程中产生的废渣、粉尘、碎屑、污泥等废物。按行业主要包括冶金废渣（如钢渣、高炉渣、赤泥）、矿业废物（如煤矸石、尾矿）、能源灰渣（如粉煤灰、炉渣、烟道灰）、化工废物（如磷石膏、硫铁矿渣、铬渣）、石化废物（如酸碱渣、废催化剂、废溶剂）以及轻工业排出的下脚料、污泥、渣糟等废物。工业固体废物的成分与产业性质密切相关。

在各行业生产过程中产生的废物组成和性质不同，综合利用水平和途径也有差异。目前，高炉渣、化铁炉渣、铁合金渣、含铁尘泥的综合利用水平较高，基本可实现产业化，而尾矿、钢渣、粉煤灰、工业垃圾的利用率较低，若不及时处理和综合利用，势必会污染环境，进而影响到我国工业的可持续发展。

工业固体废物的处理，是指通过物理、化学和生物的手段，将废物中对人体或环境有害的物质分解为无害成分或转化为毒性较小的、适于运输、储存、资源化利用和最终处置的一种过程。

工矿业固体废物的常规处理技术主要包括化学处理、物理处理和生物处理。化学处理主要用于处理无机废物，如酸、碱、重金属废液、氰化物等，处理方法主要是焚烧、溶剂浸出、化学中和、氧化还原；物理处理包括重选、磁选、浮选、拣选、摩擦和弹跳分选等各种相分离及固化技术；生物处理包括适用于有机废物处理的堆肥法和厌氧发酵法，适用于提炼铜、铀等金属的细菌冶金法，适用于有机废液的活性污泥法，适用于被污染土壤的生物修复。

工矿业废物的资源化途径主要集中在以下几点：

（1）生产建材。其优点是：耗渣量大、投资少、见效快、产品质量高，市场前景好；能耗低、节省原材料、不产生二次污染；可生产的产品种类多、性能好，如用作水泥原料与配料、掺合料、缓凝剂、墙体材料、混凝土的混合料与骨料、加气混凝土、砂浆、砌块、装饰材料、保温材料、矿渣棉、轻质骨料、铸石、微晶玻璃等。

（2）回收或利用其中的有用组分，开发新产品，取代某些工业原料。如煤矸石沸腾炉发电、洗矸泥炼焦作工业或民用燃料、钢渣作冶炼熔剂、硫铁矿烧渣炼铁、赤泥塑料、开发新型聚合物基、陶瓷基与金属基的废弃物复合材料，从烟尘和赤泥中提取镓、钪等。

（3）筑路、筑坝与回填。回填后覆土，还可开辟为耕地、林地或进行住宅建设。

（4）生产农肥和土壤改良。许多工业固体废物含有较高的硅、钙以及各种微量元素，有些还含磷和其他有用组分，因此改性后可作为农肥使用，但应取得肥料生产许可证和登记证，确保使用安全。

6.4.1　粉煤灰

煤系固体废物主要来源于煤的开采、加工和利用过程，其中排出量最大最集中的是燃煤电厂的灰渣和煤炭工业的矸石。

煤在炉膛燃烧时的烟气带出的粉状残留物，称为飞灰，少量的煤粉粒子在燃烧过程中由于碰撞凝结成块，沉积于炉底，由底部排出的称为底灰。底灰占 10%～20%，粉煤灰占 80%～90%。在 1300℃ 左右，煤粉中的灰分熔融成液滴，受湍流作用，悬浮在烟气中，受多种气体成分作用迅速膨胀，运动至低温段，同时在外界气压的作用下，其表面承受很大的表面张力，形成球状。小液滴冷却速度快，形成玻璃体；大液滴冷却速度慢，在内部形成晶体；有些液滴受气体夹裹，形成空心球，当冷却过快时，薄壁空心球体能破裂成碎片。最后形成的粉煤灰是外观相近、颗粒较细但并不均匀的多相混合物。

粉煤灰的排输方法分为干法和湿法。

6.4.1.1　粉煤灰的成分组成

A　化学组成

粉煤灰的化学组成类似黏土的化学组成（质量分数），主要包括 SiO_2（40%～60%）、

Al_2O_3（15%～35%）、Fe_2O_3（2%～15%）、CaO（1%～10%）和未燃尽炭以及有害元素和微量元素。成分受煤的产地、煤种、燃烧方式和燃烧程度等影响。粉煤灰的化学成分被认为是评价粉煤灰质量高低的重要技术参数。

$CaO>20\%$ 称为高钙灰，我国多为低钙灰。

B 矿物组成

粉煤灰中的矿物来源于母煤。母煤中含有铝硅酸盐类黏土矿和氧化硅、黄铁矿、赤铁矿、磁铁矿、碳酸盐、硫酸盐、磷酸盐、氯化物等，而以铝硅酸盐类黏土矿和氧化硅为主。其中，铝硅酸盐类矿物主要是高岭土矿和页岩矿。

粉煤灰的矿物组分十分复杂，主要可形成无定形相和结晶相两大类。

（1）无定形相。主要为玻璃体 50%～80% 和未燃尽炭粒。

（2）结晶相。莫来石、石英、云母、长石、磁铁矿、赤铁矿和少量的钙长石、方镁石、硫酸盐矿物、石膏、方解石等。这些结晶相大都在燃烧区形成，又往往被玻璃相包裹。

粉煤灰的矿物组分对粉煤灰的性质和应用具有重要的意义。低钙粉煤灰的活性主要取决于无定形玻璃相矿物，而不取决于结晶相矿物。这一点与水泥不同。水泥的化学活性主要取决于结晶的熟料矿物。低钙粉煤灰的玻璃体矿物中夹裹的结晶矿物，常温下呈现惰性。所以从矿物组分看，低钙的玻璃体含量越高，粉煤灰的化学活性越好。高钙粉煤灰中富钙玻璃体含量多，且又有较多的氧化钙结晶和水泥熟料的一些矿物结晶组分，而高钙粉煤灰的化学活性均高于低钙灰，这表明，高钙灰的性质既与其玻璃相有关，又与其结晶相有关。

C 颗粒组成

粉煤灰的颗粒组成主要由球形颗粒、不规则多孔颗粒（多孔炭粒和多孔铝硅玻璃体）以及碎片组成。

6.4.1.2 粉煤灰的物理性质

A 外观和颜色

粉煤灰外观像水泥，组分中的含碳量使其有由乳白到灰黑等不同颜色，含碳量越高，颜色越深。炭粒存在于粉煤灰的粗颗粒中。粉煤灰的颜色可在一定程度上反映粉煤灰的细度。在商品粉煤灰的质量评定和生产控制中，颜色是一项重要指标，颜色越深，质量越低。

B 比重和容重

低钙灰比重一般为 1.8～2.8，高钙的比重可达 2.5～2.8。粉煤灰的松散干容重变化范围为 600～1000kg/m³，压实容重为 1300～1600kg/m³，湿粉煤灰在一定范围内随含水量增加，压实容重也有增加。低钙粉煤灰的最佳含水范围为 15%～35%，最大压实容重可达 1700kg/m³。

C 细度

粉煤灰的颗粒粒径极限为 0.5～300μm。其中，玻璃微珠粒径为 0.5～100μm，大部分在 45μm 以下，平均为 10～30μm，漂珠粒径往往大于 45μm，我国规定以 45μm 筛余百分数为细度指标。

D　需水量比

在水泥或混凝土中掺入粉煤灰，一般可以降低水泥或混凝土的用水量，这是粉煤灰的一个明显的优越性。但若掺用含碳量较高的粉煤灰，则又会明显地增加用水量。这个用水量称作粉煤灰的需水量。在粉煤灰标准规范中，采用粉煤灰水泥胶砂需水量与基准水泥胶砂需水量的比值表示粉煤灰的需水量。它是粉煤灰的一项重要品质指标。一般情况下，低需水量的粉煤灰测定值为 22% ~ 30%，中等需水量为 30% ~ 40%，高需水量可达50% ~ 60%。

6.4.1.3　粉煤灰的活性

粉煤灰的活性也叫"火山灰活性"。火山灰活性是指火山灰、凝灰岩、浮石、硅藻土等天然火山灰类物质所具有的这样一些性能：（1）其成分中（质量分数）以 SiO_2 和 Al_2O_3 为主（75% ~ 85%），且含有相当多的玻璃体或其他无定形物质；（2）其本身无水硬性；（3）在潮湿环境，能与 $Ca(OH)_2$ 等发生反应，生成一系列水化产物—凝胶；（4）上述水化产物不论在空气中，还是在水中都能硬化产生明显的强度。烧黏土、烧页岩、煤矸石烧渣、燃料灰渣等属人工火山灰类物质，粉煤灰便是其中的一种，同样具有上述性能。粉煤灰的活性是潜在的，需用激发剂激发才能发挥出来。在粉煤灰的综合利用方面，水制品都是利用火山灰的活性，也是其主要的利用方面。粉煤灰活性的评定，比较常用的评定方法有石灰吸收法、溶出度试验法、砂浆强度试验法（是迄今国内外公认的粉煤灰活性的最佳评定方法）。

6.4.1.4　粉煤灰的资源化利用途径

A　粉煤灰在建材工业中的应用

a　水泥、混凝土掺料

粉煤灰与黏土成分类似，并具有火山灰活性，在碱性激发剂作用下，能与 CaO 等碱性矿物在一定温度下发生"凝硬反应"，生成水泥质水化胶凝物质。作为一种优良的水泥或混凝土掺和料，它减水效果显著、能有效改善和易性、增加混凝土最大抗压强度和抗弯强度、增加延性和弹性模量、提高混凝土抗渗性能和抗蚀能力，同时具有减少泌水和离析现象、降低透水性和浸析现象、减少混凝土早期和后期干缩、降低水化热和干燥收缩率的功效。因此，在各种工程建筑（包括工民建筑、水工建筑、筑路筑坝等）中，粉煤灰的掺入不仅能改善工程质量、节约水泥，还降低了建设成本、使施工简单易行。

b　粉煤灰砖

粉煤灰可以和黏土、页岩、煤矸石等分别制成不同类型的烧结砖，如蒸养粉煤灰砖、泡沫砖、轻质黏土砖、承重型多孔砖、非承重型空心砖以及碳化粉煤灰砖、彩色步道板、地板砖等新型墙体材料。

c　小型空心砌块

以粉煤灰为主要原料的小型空心砌块可取代砂石和部分水泥，具有空心质轻、外表光滑、抗压保暖、成本低廉、加工方便等特点。

d　硅钙板

以粉煤灰为硅质材料、石灰为钙质材料、加入硫酸盐激发剂和增强纤维或使用高强碱性材料，采用抄取法或流浆法可生产各种硅酸钙板，简称 SC 板。

e　粉煤灰陶粒

它是以粉煤灰为原料，加入一定量的胶结料和水，经成球、烧结而成的人造轻骨料，具有用灰量大（粉煤灰掺量约 80%）、质轻、保温、隔热、抗冲击等特点，用其配制的轻混凝土容重可达 $13530 \sim 17260N/m^3$，抗压强度可达 $20 \sim 60MPa$，适用于高层建筑或大跨度构件，其质量可减轻 33%，保温性可提高 3 倍。

f　其他建材制品

利用粉煤灰可生产辉石微晶玻璃、石膏制品的填充剂、做沥青填充料生产防水油毡、制备矿物棉、纤维化灰绒、陶砂滤料，在砂浆中代替部分水泥、石灰或砂等。

B　粉煤灰在环保上的应用

粉煤灰粒细质轻、疏松多孔、表面能高，具有一定的活性基团和较强的吸附能力，在环保领域中已广为应用，主要用于废水治理、废气脱硫、噪声防治及垃圾卫生填埋填料等。粉煤灰主要是通过吸附过程去除有害物质的，其中还包括中和、絮凝、过滤等协同作用。

a　在废水处理工程中的应用

粉煤灰本身已具有较强的吸附性能，经硫铁矿渣、酸碱、铝盐或铁盐溶液改性后，辅以适量的助凝剂，可用来处理各类废水，如城市生活污水、电镀废水、焦化废水、造纸废水、印染废水、制革废水、制药废水、含磷废水、含油废水、含氟废水、含酚废水、酸性废水等。大量实践表明，在废水脱色除臭、有机物和悬浮胶体去除、细菌微生物和杂质净化以及 Hg^{2+}、Pb^{3+}、Cu^{2+}、Ni^{2+}、Zn^{2+} 等重金属离子去除上，粉煤灰均有显著的处理效果。

b　在烟气脱硫工程中的应用

电厂烟气脱硫的主要方法是石灰石法，此法原料消耗大、废渣产量多，但在消石灰中加入粉煤灰，则脱硫效率可提高 $5 \sim 7$ 倍。粉煤灰脱硫剂还可用于处理垃圾焚烧烟道气，以去除汞和二噁英等污染物。如在喷雾干燥法的烟气脱硫工艺中，使粉煤灰和石灰浆先反应，配成一定浓度的浆液，再喷入烟道中进行脱硫反应，或将石灰、粉煤灰、石膏等制成干粉状吸收剂喷入烟道。用粉煤灰、石灰和石膏制成的脱硫剂性能良好。

c　在噪声防治工程中的应用

粉煤灰还可用于制作保温吸声材料、GRC 双扣声墙板等。

d　在工程填筑上的应用

粉煤灰的成分及结构与黏土相似，可代替砂石，应用在工程填筑上，如筑路筑坝、围海造田、矿井回填等。这是一种投资少、见效快、用量大的直接利用方式，既节约了工程建设的取土难题和粉煤灰堆放污染，又大大降低了工程造价。

C　从粉煤灰中回收有用物质

粉煤灰作为一种潜在的矿物资源，不仅含有 SiO_2、Al_2O_3、Fe_2O_3、CaO、未燃尽 C、微珠等主要成分，还富集有许多稀有元素，如 G、Ca、N、V、U 等，其主要矿物有石英、莫来石、玻璃体、铁矿石及炭粒等，因此从中回收有用物质，既可节省开矿费用，获得有价原料和产品，又可达到防治污染、保护环境的目的。

　　D　生产功能性新型材料

　　粉煤灰可作为生产吸附剂、混凝剂、沸石分子筛与填料载体等功能性新型材料的原料，广泛用于水处理、化工、冶金、轻工与环保等方面。如粉煤灰在作为污水的调理剂时有显著的除磷酸盐能力；作为吸附剂时可从溶液中脱除部分重金属离子或阴离子；作为混凝剂时，COD 与色度去除率均高于其他常用的无机混凝剂；而利用粉煤灰制成的分子筛，质量与性能指标已达到或超过由化工原料合成的分子筛。

6.4.2　煤矸石

　　煤矸石是与煤伴存的岩石。在煤的开采掘进和煤的洗选过程，都有煤矸石排出。每吨原煤中含有 0.1~0.2 吨煤矸石。在煤矿的上、中、底层的页岩，挖掘煤层之间的巷道时排出的砂岩、石灰岩以及其他岩类都属煤矸石之列。

　　煤矸石依其所含矿物组分可分为碳质页岩、泥质页岩和砂质页岩；依其来源可分为掘进矸石、开采矸石和洗选矸石。煤矸石堆放过程，其中的可燃组分缓慢氧化、自燃，故又有自燃矸石与未燃矸石的区分。

6.4.2.1　煤矸石的组成与活性

　　煤矸石是煤矿中夹在煤层间的脉石（又称夹矸石）。大部分煤矸石结构较为致密，呈黑色，自燃后呈浅红色，结构较疏松。煤矸石的主要矿物成分为高岭石、蒙脱石、石英砂、硅酸盐矿物、碳酸岩矿物、少量铁钛矿及碳质，且高岭石含量达 68%。构成矿物成分的元素多达数十种，一般以 Si、Al 为主要成分，另外含有数量不等的 Fe、Ca、Mg、S、K、Na、P 等以及微量的稀有金属（如 Ti、V、Co 等）。煤矸石中的有机质随含煤量的增加而增高，它主要包括 C、H、O、N 和 S 等。C 是有机质的主要成分，也是燃烧时产生热量的最重要的元素。

　　煤矸石经过燃烧，烧渣属人工火山灰类物质而具有活性。煤矸石受热矿物相发生变化，是产生活性的根本原因。

　　煤矸石的活性依赖于其煅烧温度，当其受热到某一温度时，晶体就会破坏，变成非晶质而具有活性。但是，物质往往在非晶质化的同时，伴随着重结晶的开始，随着新结晶相的增多，非晶质相应减少，活性又逐渐降低。因此，煅烧温度过高或过低，受热时间过长或过短，都不能得到最佳活性。从理论上说，这个温度应该是使煤矸石中的黏土类矿物尽可能多地分解成为无定形物质，而新生成的结晶相又最少。人们根据黏土类矿物受热过程的物相变化，一般认为产生活性有两个温度区域：一个在 600~950℃，为中温活性区；另一个在 1200~1700℃，为高温活性区。对于煤矸石来说，由于其一般只煅烧到 1100~1200℃，尚未出现高温活性区，故通常主要利用中温活性区。实际生产中，由于煤矸石所含矿物组分、燃料粒径、炉膛温度不同等因素影响，实际煅烧温度比理论值略高一些。对于以高岭石为主的煤矸石，最佳煅烧温度为 600~950℃；对于以云母矿为主的煤矸石，最佳煅烧温度为 1000~1050℃。

　　煤矸石的强度活性是指煤矸石作为某种胶凝材料的一个组分时，该胶凝材料所具有的强度。这一概念，有两个含义：一是以制品的强度表征煤矸石的活性；二是必须根据应用途径确定相应的试件配方和养护条件。

6.4.2.2 煤矸石的危害

煤矸石对生态环境的危害主要表现在：露天堆积的矸石山侵占良田、阻塞河道、造成水灾；煤矸石自燃释放大量有害气体，如 CO、CO_2、SO_2、H_2S 及 NO_x、C_mH_n 等，甚至引起火灾；煤矸石的酸性淋溶水损伤临近土壤、农作物及水环境；煤矸石细粒随风飘散，造成降尘污染；矸石中天然放射性元素对人体与环境产生危害；矸石山崩塌时，危及人畜安全。可见煤矸石已成为固、液、气三害俱全的污染源，亟待治理。

6.4.2.3 煤矸石的资源化途径

煤矸石是宝贵的不可再生资源，它兼有煤、岩石、化工原料及元素资源库等特性。作为煤可用作矸石电厂和矿山沸腾炉的燃料，利用其余热，制成型煤还适合层燃炉使用。作为岩石，在建筑方面用途也较多，如利用煤矸石生产水泥，煤矸石可代替部分黏土配成生料与石灰石、铁粉等磨细、成球、烧成熟料（1400℃）；掺量 10%~15%，还可替代一定量的煤；还可制成烧结砖、轻骨料、微孔吸音砖等。作为化工原料，由于煤矸石中硅、铝等元素含量较高，可以制备硅系化学品和铝系化学品，如结晶氯化铝、生产固体聚合铝、生产水玻璃、制氨水、生产硫酸铵等；还可利用煤矸石制取煤气、制备新型材料等。

6.4.3 钢渣

6.4.3.1 钢渣的组成

钢渣是炼钢过程中排出的废渣，数量为钢产量的 15%~20%。根据炼钢所用炉型的不同，钢渣分为转炉渣、平炉渣、电炉渣。钢渣的形成温度为 1500~1700℃，在高温下呈液态，缓慢冷却后呈块状或粉状；转炉渣和平炉渣一般为深灰、深褐色，电炉渣多为白色。钢渣主要由 CaO、MgO、Al_2O_3、SO_2、MnO、FeO、P_2O_5 等氧化物组成，其中钙、铁、硅的氧化物占大部分比重，各种成分的含量依炉型、钢种不同而不同。

由于炼钢设备、工艺布置、造渣制度、钢渣物化性能的不同，决定了钢渣处理和资源化上的多样性。处理工艺可分为四个工序：预处理、加工、陈化和精加工。

6.4.3.2 钢渣的利用

钢渣的主要利用途径是在钢铁公司内部自行循环使用，代替石灰作熔剂返回高炉或烧结炉内作为炼铁原料，也可以用于路基、水泥原料、改良土壤等。我国目前已开发出多种钢渣资源化利用的途径。

A 作钢铁冶炼熔剂

作烧结熔剂时，是由铁矿石在制备烧结矿时，加石灰石等作为助熔剂，利用颗粒小于 10mm 的分级钢渣可部分替代烧结熔剂。因钢渣中含有 40%~50%CaO，而且钢渣具有软化温度低、物相均匀的优点，能促进烧结过程中烧结矿的液相生成、增加黏结相、有利于烧结成球、提高烧结速度等，从而得到较高转鼓指数和粒度组成均匀的优质烧结矿；同时还可提高烧结机的利用系数、降低煤耗，利用钢渣中 Fe、Ca、Mn 等有用元素。另外由于钢渣中含有大量的 CaO 和 SiO_2，在生产一定碱度的烧结矿时，可节约部分石灰石。

作高炉熔剂或化铁炉熔剂时，是利用加工分选出 10~40mm 粒径钢渣返回高炉，回收钢渣中的 Fe、Ca、Mn 元素，不但可节省高炉炼铁熔剂（石灰石、白云石、萤石）消耗，而且对改善高炉运行状况有一定的益处，同时也能达到节能的目的。钢渣中的 MnO 和 MgO 也有利于改善高炉渣的流动性。由于钢渣烧结矿强度高、颗粒均匀，故高炉炉料透气性好，煤气利用状况得到改善、焦比下降、炉况顺行。另外钢渣大多采用半闭路循环处理，所以对高炉生铁的磷含量不会产生影响，分选钢渣也可以做化铁炉熔剂代替石灰石及萤石。

B 利用钢渣制水泥

由于钢渣中含有和水泥相类似的硅酸三钙、硅酸二钙和铁铝酸盐等活性矿物，具有水硬胶凝性，因此可成为生产无熟料或少熟料水泥的原料，也可以作为水泥掺合料。

现在生产的钢渣水泥品种主要有：无熟料钢渣矿渣水泥、少熟料钢渣矿渣水泥、钢渣沸石水泥、钢渣矿渣硅酸盐水泥、钢渣矿渣高温型石膏白水泥和钢渣硅酸盐水泥等。这些水泥适于蒸汽养护，具有后期强度高、耐腐蚀、微膨胀、耐磨性好、水化热低等特点。

C 利用钢渣作路基垫层

钢渣具有容重大、表面粗糙不易滑移、抗压强度高、抗腐蚀和耐久性好的特点，被广泛用于各种路基材料、工程回填、修砌加固堤坝、填海工程等方面代替天然磷石。

由于钢渣具有一定的活性，能板结成大块，适于沼泽地筑路。钢渣疏水性好，是电的不良导体而不会干扰铁路系统电信工作，所筑路床不生杂草，干净整洁，不易被雨水冲刷而产生滑移，是铁路道渣的理想材料。钢渣与沥青结合牢固，又有较好的耐磨耐压防滑性能，可掺和用于沥青混凝土路面的铺设。钢渣存放一年后，其中游离氧化钙大部分消解，钢渣趋于稳定，经破碎、磁选、筛分后可用作道路材料。为了增加材料的胶凝性，可在钢渣中掺入粉煤灰，同时可缓解钢渣中残留的游离氧化钙水化体积膨胀作用，它和 $Ca(OH)_2$ 反应生成水化硅酸钙、铝酸钙凝胶，提高了路面板结强度。混合料加入水搅拌、碾压并经一定龄期养护，可得到具有足够强度的半刚性道路基层材料。

D 利用钢渣作农肥和酸性土壤改良剂

钢渣是一种以钙、硅为主含有多种养分的具有速效和后劲的复合矿质肥料，由于钢渣在冶炼过程中经高温煅烧，其溶解度已大大改变，所含各种主要成分易溶量达全量的 1/3~1/2，有的甚至更高，故容易被植物吸收。钢渣内含有微量的 Zn、Mn、Fe、Cu 等元素，对缺乏此微量元素的不同土壤和不同作物也起着不同程度的肥效作用。含磷高的钢渣还可用于生产钙镁磷肥、钢渣磷肥。含 Ca、Mg 高的钢渣细磨后可用作土壤改良剂，同时也可利用钢渣中 P、Si 等有益元素。

6.4.4 矿山废石与尾矿

6.4.4.1 矿山废石的组成及特点

金属矿山、有色金属矿山、黄金矿山等，在采矿、选矿、冶炼和矿物加工过程中会产生数量庞大的固体状或泥状废物，主要包括选矿尾矿、采矿废石、赤泥、冶炼渣、粉煤灰、炉渣、浸出渣、浮渣、电炉渣、尘泥等。

矿业废物种类多、产量大、伴生成分多、毒性小，大多数废物可作为二次资源加以利用。

6.4.4.2　矿山废石与尾矿的利用

矿山废石与尾矿综合回收其中的有价物质可作为复合矿物材料，用于制取建筑材料、土壤改良剂、微量元素肥料；也作为工程填料回填矿井采空区或塌陷区等。

A　回收有价金属

共生、伴生矿产多，矿物嵌布粒度细，以采选回收率计，铁矿、有色金属矿、非金属矿分别为 60% ~ 67%、30% ~ 40%、25% ~ 40%，尾矿中往往含有铜、铅、锌、铁、硫、钨、锡等，以及钪、镓、钼等稀有元素及金、银等贵金属。尽管这些金属的含量甚微、提取难度大、成本高，但由于废物产量大，从总体上看这些有价金属的数量相当可观。

铁矿选厂主要采用高梯度磁选机，从弱磁选、重选和浮选尾矿中回收细粒赤铁矿。除从尾矿中回收铁精矿外，还可回收其他有用成分。如用浮选法从磁铁矿中回收铜；从含铁石英岩中回收金；从尾矿中回收钒、钛、钴、钪等多种有色金属和稀有金属。

有色金属尾矿经过进一步富集、选别可以回收金属精矿，如对部分硫化矿尾矿进行浮选回收银试验，可获得含铋银精矿，采用三氯化铁盐酸溶液浸出，最终获得海绵铋和富银渣。

金矿尾矿中黄金价值高，但在地壳中含量很低，所以从金矿尾矿中回收金就显得更为重要。对尾矿经过再富集，可进一步回收金及其他金属。

B　生产建材

尾矿砖种类多，废物消耗大，既可生产免烧砖、墙体砌块、蒸养砖等建筑用砖，也可生产铺路砖、涂化饰面等。

矿业废物不仅可以代替部分水泥原料，且能起到矿化作用，可有效提高熟料产量、质量并降低煤耗。此外，尾矿还可作为配料来配制混凝土，使混凝土有较高的强度和较好的耐久性。根据不同的粒级要求，尾矿颗粒不必加工，即可作为混凝的粗细骨料直接使用。

废石、尾矿还可以生产其他建筑材料，如陶瓷、石英砂、微晶玻璃等。

C　用作农肥

有些尾矿因其成分适宜，可用作土壤改良剂或微量元素肥料，以有效改善土壤的团粒结构，提高土壤的孔隙、透气性、透水性，促进作物增产。如铁尾矿含有少量的磁铁矿，经磁化后，再掺加适量的 N、P、K 等，即得磁化复合肥；镁尾矿中因含有 CaO、MgO 和 SiO_2，可用作土壤改良剂对酸性土壤进行中和处理；锰尾矿除含锰外，通常还含有 P_2O_3、Cl^-、SO_4^{2-}、MgO 和 CaO 等，可将其作为一种复合肥使用；钼尾矿施于缺钼的土壤，既有利于农业增产，又可降低食道癌的发病率。

D　采空区回填、覆土造田

用来源广泛的尾砂、废石、尾矿代替砂石进行地下采空区回填，耗资少、操作简单，可防止地面沉降塌陷与开裂，减少地质灾害的发生。

任务 6.5　典型生活垃圾的处理与利用

学习目标

（1）了解生活垃圾的来源及性质；

（2）熟悉橡胶、废纸、废塑料、电子废弃物等的处理技术。

6.5.1　废橡胶的处理与利用

随着人们生活水平的不断提高，生活垃圾中废弃橡胶类也逐渐成为固体废物处理的重点。废橡胶的来源主要为废旧轮胎以及其他工业用品，占所有废橡胶总量的90%以上。废轮胎的主要组成是天然橡胶和合成橡胶，此外，还有丁二烯、苯乙烯、玻璃纤维、尼龙、硫黄等多种成分。

废轮胎的处理方法大致可分为材料回收、能源回收和处置利用三大类。具体来看，主要包括整体翻新再用、生产胶粉、制造再生胶、焚烧转化为能源、热解和填埋处置等方法。

6.5.1.1　整体再用或翻新再用

废轮胎可作为材料直接用于其他方面，如船舶的缓冲器、人工礁、防波堤、公路的防护栏、水土保护栏或者用于建筑消声隔板等，也可以用作污水和油泥堆肥过程中的桶装容器。还可以经分解剪切后可制成地板席、鞋底、垫圈；切削制成填充地面底层或表层的物料等。但这些利用方式所能处理的废轮胎的量很少。

轮胎在使用过程中最普遍的破坏方式是胎面的严重破损，因此轮胎翻新引起了世界各国的普遍重视。所谓轮胎翻修是指用打磨方法除去旧轮胎的胎面胶，然后经过局部修补、加工、重新贴覆胎面胶之后，进行硫化，恢复其使用价值的一种工艺流程。轮胎翻修可延长轮胎使用寿命，做到物尽其用，同时因生命周期的延长，还可促使废胎的减量化。

6.5.1.2　生产胶粉

目前研究较多的另一种处理方法是用废旧轮胎生产胶粉。生产胶粉是将废轮胎整体粉碎后得到的粒度极小的橡胶粉粒。按胶粉的粒度大小可分为粗胶粉、细胶粉、微细胶粉和超微细胶粉。橡胶粗粉料制造工艺相对简单，回用价值不大，而粒度小、比表面积非常大的精细粉料则可以满足制造高质量产品的严格要求，市场需求量大。胶粉的应用范围很广，概括起来可分为两大领域：一是用于橡胶工业，直接成形或与新橡胶并用做成产品；另一种是应用于非橡胶工业，如改性沥青路面、改性沥青生产防水卷材、建筑工业中用作涂覆层和保护层等。

较成熟的工业化应用的胶粉生产方法有：冷冻粉碎工艺和常温粉碎法。冷冻粉碎工艺包括低温冷冻粉碎工艺、低温和常温并用粉碎工艺。

废橡胶粉碎之前都要预先进行加工处理，预加工工序包括分拣、切割、清洗等。预加工后的废橡胶再经初步粉碎，将割去侧面的钢丝圈后的废旧轮胎投入开放式的破胶机破碎成胶粒后，用电磁铁将钢丝分拣出来，剩下的钢丝圈投入破胶机碾压，将胶块与钢丝分离，接下来用振动筛分离出所需粒径的胶粉。剩余粉料经旋风分离器除去帘子线。初步粉碎的新工艺有：臭氧粉碎，本法已在中型胶粉生产厂中应用；高压爆破粉碎，适合大型胶粉生产厂使用；精细粉碎，最适用于常温下不易破碎的物质，产品不会受到氧化与热作用而变质。

目前以液氮为冷冻介质的工艺流程有两种：一种为废轮胎的超低温粉碎与粉碎流程；另一种为废轮胎的常温粉碎与超低温粉碎流程。

6.5.1.3　制造再生胶

再生胶是指废旧橡胶经过粉碎、加热、机械处理等物理化学过程，使其弹性状态变成具有塑性和黏性的、能够再硫化的橡胶。

再生胶不是生胶，从分子结构和组分来看，两者有很大的差别，再生胶组分中除含有橡胶烃外，还含有像增黏剂、软化剂和活化剂等，它的特点是具有高度分散和相互掺混性。再生胶有很多优点，如有良好的塑性、易与生胶和配合剂混合、节省工时、降低动力消耗；收缩小、能使制品有平滑的表面和准确的尺寸；流动性好、易于制作模型制品；耐老化性好、能改善橡胶制品的耐自然老化性能；具有良好的耐热、耐油和耐酸碱性；硫化速度快、耐焦烧性好等。由于再生胶的优点很多，所以生产再生胶是利用废旧橡胶的主要方向。再生胶的主要缺点在于吸水性、耐磨性差、耐疲劳性不好。

再生胶的生产工艺主要有油法（直接蒸汽静态法）、水油法（蒸煮法）、高温动态脱硫法、压出法、化学处理法、微波法等。

生产再生胶的关键步骤为硫化胶的再生。其再生机理的实质为：硫化胶在热、氧、机械力和化学再生剂的综合作用下发生降解反应，破坏硫化胶的立体网状结构，从而使废旧橡胶的可塑性得到一定程度的恢复，达到再生的目的。

6.5.1.4　热解与焚烧

废轮胎热裂解就是利用外部加热打开化学键，有机物分解成燃料气、富含芳香烃的油以及炭黑等有价值的化学品。废轮胎还可与煤共液化，生产轻馏分油，热解温度一般在 250~500℃ 范围内。热解产品中的液化石油气可经过进一步纯化装罐，混合油经精制可制得各种石油制品，粗炭黑经精加工可得到各种颗粒度的炭黑，用以制成各种炭黑制品。

轮胎具有很高的热值，废轮胎可作为水泥窑的燃料，可用来燃烧发电。利用废轮胎中的橡胶和炭黑燃烧产生的热可用于工业热供给。

6.5.2　废纸的处理与利用

固体废物问题，尤其是城市生活垃圾，最贴近我们的日常生活，因此生活垃圾是与人类生活最息息相关的环境问题。我们每天都在产生垃圾和排放垃圾，在无意识中污染了我们赖以生存的环境。关注固体废物问题，也就是关心我们最贴近的环境问题，通过对我们日常生活中垃圾问题的关注，将最有效地提高全民的环境意识、资源意识。

6.5.2.1 废纸的处理利用现状

随着我国人口的不断增长和居民生活水平的日益提高，人们的消费物品和消费行为都发生了极大的变化。用完即扔、一次性消费正在成为人们的消费习惯，垃圾的产量越来越大，成分也越来越复杂。

目前我国每年可利用而未得到利用的废弃物的价值达 250 亿元，约有 600 万吨废纸未得到回收利用，相当于浪费森林资源 100 万~300 万亩，废纸回收率仅为 20%~30%，回收利用 1 吨废纸可再造出 800kg 好纸，可以挽救 17 棵大树，节省 3m³ 的垃圾填埋厂空间，少用纯碱 240kg，降低造纸的污染排放 75%，节约造纸能源消耗 40%~50%，而每张纸至少可以回收两次。另外，我们日常丢弃的废织物也可用于回收造纸等。

我们之所以不能合理利用废弃纸类，一是因为环保意识不到位，不是每个人都能认识到垃圾处理的意义并拥有处理垃圾的技术条件，使得垃圾处理技术只能掌握在少数公司手里，达不到推广发展的效果。二是因为现在大部分垃圾是混合垃圾，许多纸类与其他废弃物混合存放，给提取其中的纸类资源造成极大的不便，大大提高了成本，推广就更为困难。

6.5.2.2 废纸的来源

从环保角度出发，进行垃圾分类收集就不能怕麻烦。城市固体废物中的纸类主要来自家庭。随着人们消费意识的变化和包装工业的发展，商品的包装形式越来越繁多，食品、化妆品、衣服、鞋类的包装纸盒、包装纸袋等包装材料占据城市垃圾的很大一部分。一次性的纸杯、餐盒、各种广告宣传单、学生练习本等用纸的消耗随着人们生活水平的提高而比重有很大的增加。这部分纸类由于品种多、比较零散，一般都随手扔进了垃圾袋，与其他生活垃圾混合在一起，造成资源流失。

6.5.2.3 废纸的回收方法

从垃圾中回收纸浆一般有两种科学的方法，即湿式破碎法和半湿式选择性破碎分选法。

湿式破碎，是利用特制的破碎机将投入机内的含纸垃圾和大量水流一起剧烈搅拌和破碎成为浆液，这种使含纸垃圾浆液化的特制破碎机称为湿式破碎机。该设备是一圆形槽底设有多孔筛，靠筛上安装切割回转器（装有 6 把破碎机）的旋转使投入的含纸垃圾随大量水流一起在水槽中剧烈回旋搅拌破碎成为浆液。浆液由底部筛孔排出，经固液分离将其中的残渣分离出来，纸浆送至纸浆纤维回收工序进行洗涤、过筛脱水。难以破碎的筛上物质（如金属）从破碎机侧口排出，再用斗式提升机送至装有磁选器的皮带运输机，将铁与非铁物质分离。湿式破碎具有不滋生蚊蝇、无恶臭、卫生条件好、噪声低、脱水后的有机残渣粒度大小、水分等变化小的优点，无发热、爆炸、粉尘等危害。这种技术只有在垃圾的纸类含量高或垃圾经过分离分选而回收的纸类才适用。

半湿式选择性破碎分选法是利用城市垃圾中各种不同物质的强度和脆性的差异，在一定湿度下破碎成不同粒度的碎块，然后通过不同筛孔加以分离的过程。由于是在半湿（加少量水）状态下，通过兼有选择性破碎和分选两种功能的装置中实现的。该设备由两段不同筛孔的外旋转圆筒筛和筛内与之反向旋转的破碎板构成。垃圾给入圆筒筛首端,并随筛壁上升而后在重力的作用下抛落,同时被反向旋转的破碎板撞击,垃圾中脆性物质如玻璃、陶瓷等被破碎成细粒碎片,通过第一段筛网排出,进一步经分选机将玻璃片、陶瓷片等物质分开,有望得到以厨余为主(含量可达到 80%)的堆肥沼气发酵原料;剩余垃圾进入第二段筒筛,此段喷射水分,中等强度的纸类被破碎板破碎,可回收含量 85%~95%;最后剩余的垃圾,主要有金属、塑料、橡胶、木材、皮革等,难以分选的塑料类废物可在三段后经分选达到 95%的纯度,废铁可达 98%,从第三段排出。

通过采用半湿式选择性破碎分选能使城市垃圾在一台设备中同时进行破碎和分选作业,可有效地回收垃圾中的有用物质,对进料适应性好,易破碎物及时排出,不会出现过破碎现象;当投入的垃圾组成上有所变化或以后的处理系统另有要求时可以通过改变滚筒长度、破碎板段数、筛网孔径等来适应其变化。

6.5.2.4　回收废纸浆的用途

获得的纸浆如果不脱墨,就只能用来生产低档纸或纸板。常用的脱墨方法有水洗和浮选两种,在两种工艺中脱墨所用的药品有所区别。通常脱墨废水不存在毒性问题,但会有重金属,由于油墨制造商更多地采用有机颜料,重金属的浓度会越来越低。

脱墨后的废纸浆,色斑一般发黄和发暗,引起废纸浆发色的原因比较复杂,除纸浆中残留木素在使用过程中结构变化引起的颜色变化外,还可能由于某种需要加入染料等添加物而生成的颜色,造成废纸纸浆的漂白比其他纸浆的漂白更为困难。

废纸纸浆的漂白主要分为氧化漂白和还原漂白,根据要处理的废纸原料、废纸要生产的纸张的品种、环境保护的要求确定所选用的工艺流程和工艺条件。

回收的废纸和其他纤维原料制成湿纤维浆,然后模压成型,制成一种"空隙板"可广泛应用于包装、家具、轻型房屋建筑等方面。纸类制品具有其他包装材料无法相比的优点,无论现在还是将来都是主要的包装材料。纸类废弃物的综合利用和新产品开发是纸类废弃物综合治理的关键,应引起人们的高度重视。

6.5.3　医疗废物的处理与利用

医疗废物主要来自病人生活、医疗诊断、治疗过程,含有大量有害病菌、病毒,是生产各种传染病及病虫害的污染源之一。

建设部发布的《城市垃圾产生源分类及垃圾排放》(CJ/T 3033—1996)行业标准规定,医疗卫生垃圾是指城市各类医院、卫生防疫、病员疗养、畜禽防治、医学研究及生物制品等单位产生的垃圾。

按照来源和特性,医疗废物通常可分为以下六种:

(1)一次性医疗用品。包括注射器、输液器、扩阴器、各种导管、药杯、尿杯、换药器具等。

(2)传染性废物。来自传染病区的污物、与血和伤口接触的各种受污染废物、病理性废物、实验室产生的废物、太平间的废物以及其他废物。

(3)锐器。指废弃的一次性注射器、针头、玻璃、解剖锯片、手术刀及其他可引起切伤或刺伤的锐利器械。

（4）药物废物。包括过期的药品、疫苗、血清，从病房退回的药物和淘汰的药物等。

（5）细胞毒废物。包括过期的细胞毒药物以及被细胞毒药物污染的管子、手巾、锐器等。

（6）废显（定）影液及胶片。包括废显影液、定影液、正负胶片、相纸、感光原料及药品。

6.5.3.1 医疗废物的收集与运输

收集医疗废物所使用的容器主要是塑料袋、锐器容器和废物箱等。

（1）塑料袋。塑料袋是常用的废物收集容器。

（2）锐器容器。锐器不应与其他废物混放，用后应稳妥安全地置入锐物容器中。

（3）废物箱。高危区的医疗废物，如传染病或隔离区、产房的胎盘、手术室的人体组织等废物，建议使用双层废物袋。可以用密封与经过特殊处理的废物桶，装满后立即封闭，特别适用于手术室、产房、急诊室与 ICU。

医疗废物要由有执照的单位运输到指定地点进行处理。需在防渗漏、全封闭、无挤压、安全卫生条件下清运，使用专门用于收集医疗废物的车辆。

6.5.3.2 医疗废物处理技术

（1）灭菌消毒。常见的灭菌消毒方法包括高压蒸汽灭菌法、微波消毒、化学消毒三种。

（2）焚烧。医疗废物焚烧处理是指将医疗废物置于焚烧炉内，在高温和有足够氧气的环境条件下，进行蒸发干燥、热解、氧化分解和热化学反应，由此实现分解或降解医疗废物中有害成分的过程。

（3）国外医疗废物常用处理方式。世界上许多国家已经对医疗废物处理做出了明确规定，并开发了相应的处理处置设备。日本厚生省规定，医院内部的灭菌处理可采用以下方式：焚烧、熔融、高压蒸汽灭菌或干热灭菌、药剂加热消毒及其他法规规定的方法。医院通常采用焚烧方式处理医疗废物，炉灰必须在指定的安定型填埋场处置。

6.5.4 废弃电子产品的处理与利用

废弃电子产品包括废弃的电子产品及电子产品生产过程中产生的废物。按照可回收物品的价值大致可分为三类：第一类是计算机、冰箱、电视机等具有相当高价值的废物。第二类是小型电器，如无线电通信设备、电话机、燃烧灶、脱排油烟机等价值稍低的废物。第三类是其他价值较低的废物。废弃电子产品一般拆分为电路板、显像管、电缆电线等几类，根据各自的组成特点分别进行处理，处理流程类似。

以印刷电路板的处理方法为例，印刷电路板是电子产品的重要组成部分，废印刷电路板的材料组成和结合方式比较复杂，不容易分离，非金属成分主要为含特殊添加剂的热固塑性，处置相当困难。废印刷电路板的回收利用基本上分为电子元件的再利用和金属、塑料等组分的分选回收。在回收时一般采用将电子线路板粉碎后，从中分选出塑料、黑色金属和大部分有色金属，但铅、锌等重金属易混在一起，还需用化学方法分离。也有采用化学方法分离有色金属的专门技术，可以将金、银、铜、锌、铅等有色金属分离出来。而对显像管、压缩机和电池等的处理还有物理冲击分离、智能分离以及高温焚烧等方法。

采用机械方法处理废电路板是根据材料物理性质的不同进行分选的方法，主要利用拆卸、破碎、分选等方法，但处理后的产品还需经过冶炼、填埋或焚烧等后续处理。

 ## 习题与思考

(1) 固体废物固化技术主要用于哪些方面？对固化处理的基本要求有哪些？

(2) 简述水泥固化的原理。

(3) 危险废物的定义及特点是什么？并论述危险废物的鉴别方法。

(4) 污泥的处理方法主要有哪些？污泥处理后可用于哪些方面的使用？

(5) 我国目前对粉煤灰的利用途径有哪些？试讨论粉煤灰在环保工业上的应用前景。

(6) 你从生活垃圾处理利用中得到哪些启示？对日常生活有哪些影响？

参 考 文 献

［1］ 郭军．固体废物处理与处置［M］．北京：中国劳动社会保障出版社，2010.

［2］ 赵由才，牛冬杰，柴晓利．固体废物处理与资源化［M］．北京：化学工业出版社，2012.

［3］ 彭长琪．固体废物处理与处置技术［M］．武汉：武汉理工大学出版社，2009.

［4］ 李国学．固体废物处理与资源化［M］．北京：中国环境科学出版社，2005.

［5］ 赵由才．危险废物处理技术［M］．北京：化学工业出版社，2003.

［6］ 王绍文，梁富智，王纪曾．固体废弃物资源化技术与应用［M］．北京：冶金工业出版社，2003.

冶金工业出版社部分图书推荐

书　名	作　者	定价(元)
冶金专业英语（第3版）	侯向东	49.00
电弧炉炼钢生产（第2版）	董中奇　王　杨　张保玉	49.00
转炉炼钢操作与控制（第2版）	李　荣　史学红	58.00
金属塑性变形技术应用	孙　颖　张慧云　郑留伟　赵晓青	49.00
自动检测和过程控制（第5版）	刘玉长　黄学章　宋彦坡	59.00
新编金工实习（数字资源版）	韦健毫	36.00
化学分析技术（第2版）	乔仙蓉	46.00
冶金工程专业英语	孙立根	36.00
连铸设计原理	孙立根	39.00
金属塑性成形理论（第2版）	徐春　阳辉　张　弛	49.00
金属压力加工原理（第2版）	魏立群	48.00
现代冶金工艺学——有色金属冶金卷	王兆文　谢　锋	68.00
有色金属冶金实验	王　伟　谢　锋	28.00
轧钢生产典型案例——热轧与冷轧带钢生产	杨卫东	39.00
Introduction of Metallurgy 冶金概论	宫　娜	59.00
The Technology of Secondary Refining 炉外精炼技术	张志超	56.00
Steelmaking Technology 炼钢生产技术	李秀娟	49.00
Continuous Casting Technology 连铸生产技术	于万松	58.00
CNC Machining Technology 数控加工技术	王晓霞	59.00
烧结生产与操作	刘燕霞　冯二莲	48.00
钢铁厂实用安全技术	吕国成　包丽明	43.00
炉外精炼技术（第2版）	张士宪　赵晓萍　关　昕	56.00
湿法冶金设备	黄　卉　张凤霞	31.00
炼钢设备维护（第2版）	时彦林	39.00
炼钢生产技术	韩立浩　黄伟青　李跃华	42.00
轧钢加热技术	戚翠芬　张树海　张志旺	48.00
金属矿地下开采（第3版）	陈国山　刘洪学	59.00
矿山地质技术（第2版）	刘洪学　陈国山	59.00
智能生产线技术及应用	尹凌鹏　刘俊杰　李雨健	49.00
机械制图	孙如军　李　泽　孙　莉　张维友	49.00
SolidWorks实用教程30例	陈智琴	29.00
机械工程安装与管理——BIM技术应用	邓祥伟　张德操	39.00
化工设计课程设计	郭文瑶　朱　晟	39.00
化工原理实验	辛志玲　朱　晟　张　萍	33.00
能源化工专业生产实习教程	张　萍　辛志玲　朱　晟	46.00
物理性污染控制实验	张　庆	29.00
现代企业管理（第3版）	李　鹰　李宗妮	49.00